U0200338

GUIDELINES ON REMEDIATION OF CONTAMINATED SITES

丹麦污染场地修复导则

丹麦环保署◎著

方斌斌　王 水　曲常胜　丁 亮　张满成 等◎译

科 学 出 版 社

北 京

内 容 简 介

本书系统介绍丹麦从污染场地环境调查到修复与治理的全过程技术流程。主要包括总体流程、环境调查、风险评估、相关环境质量标准、修复措施与工程设计、过程监控与评价等。此外，附录部分还列举了相关技术工具、模型、方法与案例等，主要包括土壤钻孔与采样、地下水建井与采样、土壤气采样、地质评估、抽水试验、风险评估计算模型与案例等。

本书具有较强的专业性和技术性，可供从事土壤污染修复治理、土壤环境监管的工程技术人员、科研人员和管理人员参考。

图书在版编目（CIP）数据

丹麦污染场地修复导则 / 丹麦环保署著；方斌斌等译. —北京：科学出版社，2018.4

书名原文：Guidelines on Remediation of Contaminated Sites

ISBN 978-7-03-056126-8

Ⅰ. ①丹… Ⅱ. ①丹… ②方… Ⅲ. ①环境污染–地区–修复–技术规范–丹麦 Ⅳ. ①X321.534-65

中国版本图书馆 CIP 数据核字（2017）第 316154 号

责任编辑：杨婵娟 吴春花 / 责任校对：何艳萍

责任印制：张欣秀 / 封面设计：无极书装

编辑部电话：010-64033408

E-mail：houjunlin@mail.sciencep.com

科学出版社 出版

北京东黄城根北街 16 号

邮政编码：100717

http://www.sciencep.com

北京京华虎彩印刷有限公司 印刷

科学出版社发行 各地新华书店经销

*

2018年4月第 一 版 开本：720×1000 B5

2018年4月第一次印刷 印张：14 1/2

字数：268 000

定价：85.00元

（如有印装质量问题，我社负责调换）

翻译组成员

丁　亮	王　水	王长明	王　栋
方斌斌	付益伟	曲常胜	朱　迟
邱成浩	张　强	张满成	欧阳黄鹂
周永艳	柏立森	钟道旭	陶景忠
曹　璐	蔡冰杰	蔡安娟	

译者序

改革开放以来，我国的工业化和城市化建设取得了举世瞩目的成就。但伴随着产业结构的调整和城区范围的扩大，大量关停搬迁工业企业遗留地块转变为居住和商业用地，潜在的土壤污染隐患不容忽视。党的十九大提出“建设美丽中国，为人民创造良好生产生活环境”，而解决土壤污染问题、保障人居环境安全是“美丽中国”的应有之义。可以说，土壤污染防治已成为水、大气污染防治之后，我国环境保护工作的新重点。

我国的土壤环境保护工作起步较晚，技术和人才储备不足，标准规范缺乏，迫切需要学习借鉴发达国家在土壤污染防治领域的先进理念和宝贵经验。正是在此背景下，江苏省与丹麦首都大区于 2015 年签署合作备忘录，全面推动双方在污染场地治理修复方面的人员交流与技术合作。丹麦作为全球土壤环保工作起步最早、要求最高的国家之一，在技术规范制定方面也开展了大量扎实有效的工作。他山之石，可以攻玉。江苏省环境科学研究院土壤环境研究所团队面向国家土壤环境保护战略需求，群策群力，克服困难，适时编译出版了《丹麦污染场地修复导则》一书。该导则系统介绍了丹麦污染场地调查流程、风险评估、标准选用、修复工程设计、过程监控与评价等方面的内容。

该导则已在丹麦的相关工作中发挥了重要作用，期待它的出版发行能有助于我们土壤环境管理工作的推进和修复治理技术人员专业水平的提升。

2017 年 12 月于南京

译者前言

土壤环境质量关系食品安全和人居环境安全，但当前我国土壤环境总体状况不容乐观，部分地区土壤污染较为严重，已成为全面建成小康社会的突出短板之一。为此，国家日益重视土壤污染防治工作，并于 2016 年 5 月印发了《土壤污染防治行动计划》，这是党中央、国务院推进生态文明建设、坚决向土壤污染宣战的一项重大举措。在十九大报告中，习近平总书记也明确提出“强化土壤污染管控和修复”“加快生态文明体制改革，建设美丽中国”。

我国土壤污染防治起步较晚，迫切需要学习借鉴发达国家的相关经验，进而加快完善自身土壤污染防治法律法规、技术规范体系。为此，在《中华人民共和国江苏省环境保护厅与丹麦首度大区地区发展中心合作备忘录》框架下，江苏省环境科学研究院组织开展了《丹麦污染场地修复导则》的编译工作。

本书正文共有 10 个部分，附录有 27 个部分。正文介绍了丹麦污染场地环境调查到修复与治理的全过程技术流程，主要包括环境调查、风险评估、相关环境质量标准、修复措施与工程设计、过程监控与评价等。附录介绍了相关技术工具、模型、方法与案例等，主要包括土壤钻孔与采样、地下水建井与采样、土壤气采样、地质评估与抽水试验、土壤气和地下水中污染物计算模型和案例等。

本书的编译出版得到了丹麦环保署的授权和江苏省科学技术厅省属公益类院所能力提升项目的支持。江苏环境保护厅土壤环境管理处、江苏省环境经济技术国际合作中心对编译工作给予了大量指导和帮助，在此一并致谢。希望本书的出版可以深化中丹土壤污染防治交流合作，并为我国大力实施土壤污染防治，特别是工业污染场地调查和修复治理提供有益借鉴。

由于译者经验和水平有限，书中难免存在疏漏之处，望同行和读者批评指正。

2017 年 11 月

目录 CONTENTS

1 引　言

本导则是 1992 年所发布的技术通则的细化和更新版，旨在为处置污染场地问题提供从调查阶段到治理与修复阶段的完整技术指导。

本导则已提交论证，同样提交论证的导则还包括《土壤污染物及其来源制图导则》《土壤采样与分析导则》《轻度污染区居民行为建议》《石油类污染场地修复导则》。

导则内容不具有强制约束力，但可以为管理部门、企业和咨询机构就有关污染问题进行平等协商提供技术支撑。

管理部门在处理相关污染问题时，应始终将导则给出的原则和说明作为出发点。为适应现行法规的各项要求，导则内容需要不断做出调整。由于在污染场地开发利用与管理受行政管制的情况下，从场地完全去除污染土壤并不总是必要的。这也意味着本导则目前不直接适用于丹麦《环境保护法》的恢复原则和《污染场地法》中有关退出名录的情形。

2 工作内容与流程

2.1 工作阶段划分

需要依据调查工作的目的来选择工作策略。污染场地调查工作的开展通常可能与不动产的购买或出售有关，将用来判断场地是否存在污染或是否需要进行修复治理。这些导则主要服务于与人体健康和环境风险评估相关的调查，以及为控制风险而可能采取的后续修复措施。

当总体工作原则明确后，可将工作过程分为以下几个阶段：

- 初始调查阶段。
- 采样调查阶段。
- 修复阶段。
- 过程监控与评价阶段。

阶段划分作为一种有益的工作方法，可将各项必须完成的任务进行合理区分。在每个阶段完成之后，将评估采取下一步措施的必要性。因此可以说，阶段划分旨在优化上个阶段所获得的信息，并进一步规划好下一步的行动。

已经启动实施的项目并不一定再遵循该阶段划分方式。有些阶段也可以同时报备（例如，初始调查阶段和采样调查阶段），而有些报告也可以在同一个阶段内完成（例如，采样调查阶段的初步采样调查和补充采样调查）。

某些特定行业的调查和修复活动已广为人知。这意味着一些场地的工作阶段可以进一步“整合”。此外，许多场地已有可利用的地图信息[1]和基础筛查信息，因此初始调查阶段和采样调查阶段是重叠的。

为尽可能合理地实施调查和修复，需要基于对场地的已有认识，恰当地选择策略并划分工作阶段。在某些情况下，调查及修复活动可与一般建筑和建设项目的流程进行衔接[2]。下面将简要描述四个工作阶段中的内容。

本导则中各工作阶段和各章节的联系如图 2.1 所示。

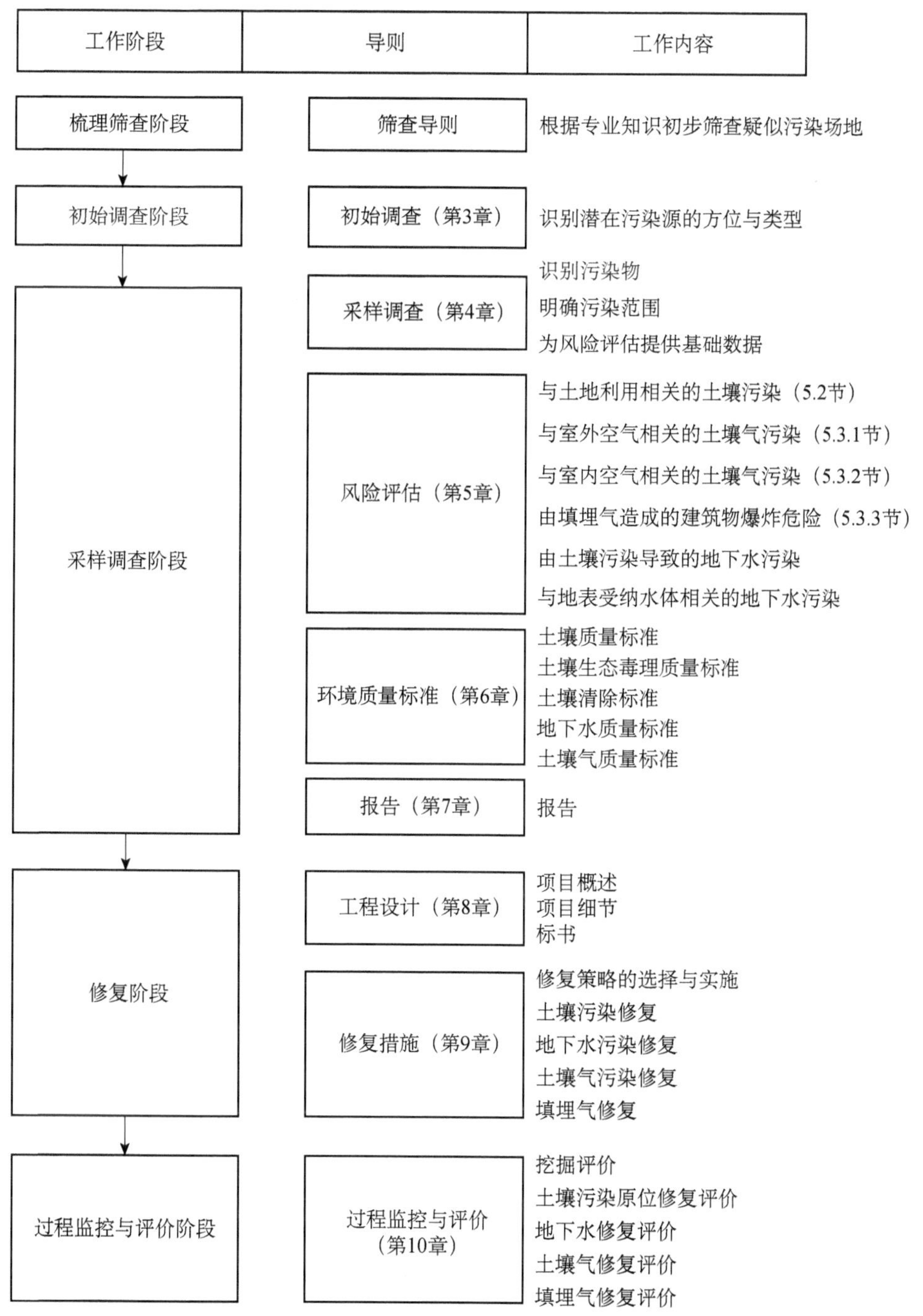
工作阶段
导则
工作内容
梳理筛查阶段
筛查导则
根据专业知识初步筛查疑似污染场地
初始调查阶段
初始调查（第3章）
识别潜在污染源的方位与类型
采样调查阶段
采样调查（第4章）
识别污染物
明确污染范围
为风险评估提供基础数据
风险评估（第5章）
与土地利用相关的土壤污染（5.2节）
与室外空气相关的土壤气污染（5.3.1节）
与室内空气相关的土壤气污染（5.3.2节）
由填埋气造成的建筑物爆炸危险（5.3.3节）
由土壤污染导致的地下水污染
与地表受纳水体相关的地下水污染
环境质量标准（第6章）
土壤质量标准
土壤生态毒理质量标准
土壤清除标准
地下水质量标准
土壤气质量标准
报告（第7章）
报告
修复阶段
工程设计（第8章）
项目概述
项目细节
标书
修复措施（第9章）
修复策略的选择与实施
土壤污染修复
地下水污染修复
土壤气污染修复
填埋气修复
过程监控与评价阶段
过程监控与评价（第10章）
挖掘评价
土壤污染原位修复评价
地下水修复评价
土壤气修复评价
填埋气修复评价

图 2.1 工作阶段划分

2.2 初始调查阶段

该阶段旨在为后续污染场地调查提供支撑的资料。

在初始调查过程中，应尽可能收集可支撑后续场地调查任务的相关信息，包括现有的图表和地图信息。为了推测潜在污染物及其分布，通常还需要收集场地前期的相关评估资料。

2.3 采样调查阶段

2.3.1 目标

污染场地调查的目的主要包括：

- 收集风险评估所需的代表性数据。
- 分析土壤污染的范围与程度。
- 识别由有害物质挥发所导致的建筑物室内空气污染问题。
- 识别由填埋气导致的建筑及设备的爆炸风险。
- 分析污染物在浅层、深层地下水及地表受纳水体中的扩散。

采样调查阶段的主要内容包括：

- 采样及分析。
- 风险评估。
- 报告。
- 初步修复计划。

调查技术包括钻孔、土壤、水及空气样品的采集，以及样品性状记录和样品的检测分析。

采样工作应根据调查目的进行设计，以确保样品数量和样品选取能够满足项目要求。具体要求可参考《土壤采样与分析导则》[3]。

如在调查工作启动之前，已预判到场地可能需要开展修复，则应以服务后续修复工程为目标设计调查方案。

为获取地下水、土地利用和地表受纳水体风险评估所需要的数据，应综合使用野外调查和实验室分析手段。

调查和风险评估结果应及时报备。当调查工作分阶段开展时，如初步采样调查和补充采样调查，则应分别报备。当然，所有的分析结果均应纳入风险评估中进行整体性考量。

如场地确需开展修复治理活动，则调查阶段还应提供初步修复项目计划。在制定初步修复项目计划之前，应与管理部门就不同的修复技术方案进行讨论。

2.3.2 初步采样调查

该工作以前期收集到的初步调查信息为基础，旨在检验初始调查阶段所提出的污染假设，判断场地的污染状况。

土壤钻孔通常应设置在最有可能发现污染物的位置或对土壤污染较为敏感的土地开发区域，并据此进一步明确污染范围。

土壤钻孔数量要求详见第 4 章和《土壤采样与分析导则》[3]。

为了捕捉污染源的污染强度，最好在污染源或地下水流向的下游打井，采集地下水环境样品。为合理估计污染源强，也应考虑地下水监测井与污染源之间的距离及相应的稀释作用。

为了捕捉污染源强，有时可能也需要在蓄水池或管道附近的砂石中采集地下水样。

最终的采样方案应基于初始调查阶段收集到的数据制定。此外，还应准备初步的检测分析计划。

初步采样调查过程中的检测分析计划通常是十分概要的。在补充采样调查中，当污染问题已较为明确时，则应准备一个更具体的检测分析计划。

初步采样调查应明确是否有足够的证据来表征场地污染，是否可以据此开展可靠的、有代表性的风险评估。

如果初步调查采样表明该场地存在污染，且还需要更详细的信息，则应准备补充采样调查方案。

2.3.3 补充采样调查

补充采样调查旨在进一步阐明在初步采样调查阶段所发现的问题，主要包括：

- 针对接近表层的土壤或地下水污染问题，给出关于其类型、污染严重程度、污染范围的更详细描述。
- 明确土地开发利用的可能性。
- 针对场地或其附近的现有建筑及设施，评估室内空气污染问题，包括垃圾填埋气体的风险（通过下水道系统或地下水传输污染物）。
- 评估污染物对更深的地下水含水层或附近的地表受纳水体可能造成的影响。
- 如有需要，提供初步的修复计划。

如果修复确有必要，补充采样调查工作应能为一个或多个修复计划提供数据支撑。初步的修复计划应包括基本技术解决方案的概述，以及成本和时间表的粗略估计。

2.3.4 风险评估

风险评估是针对特定污染物对环境和健康所造成影响的评估，旨在明确采取修复措施的必要性。

风险评估需要以污染物类型、污染物运移、暴露途径，以及在特定情况下涉及的敏感受体的具体情况和信息为基础。风险与土地利用形式、土壤气或地下水等相关，不同类型的风险应区别对待、独立评估。

土壤质量标准用于有关土地开发利用的风险评估。只要满足这些土壤标准，场地可以不受限制的使用，包括那些对污染非常敏感的用途。此外，有些污染物还有清除标准。这类标准划定了需要切断与污染土壤接触的界限值。修复原则（如清理深度）及土壤污染风险评估的原则详见 9.2 节。应当指出的是，符合土壤质量标准，不一定满足土壤气和地下水标准。

在污染场地上，建筑物室内和室外空气可能受到潜在土壤或地下水污染的严重影响。该影响应采用已推出的各种方法进行分阶段评估，部分阶段还包括理论计算模型。风险评估时应对蒸气入侵污染予以关注，确保不得超过可接受的污染水平。

填埋场上或者附近建筑的甲烷爆炸风险也可分阶段进行评估。

地下水风险评估旨在评估土壤或浅层地下水污染是否对地下水资源造成严重污染。地下水质量标准服务于该风险评估，要求所有含水层均应达标。评估可以分阶段进行，一般从简单的评估开始。如果这种评估不能证明风险不高，则应进行更复杂的计算，且应考虑污染物的吸附、扩散和降解作用。此外，地下水评估结果还为地表受纳水体的风险评估提供依据。

如果风险评估确认人体健康或环境面临风险，则在采取修复措施前，应告知污染场地现场或附近的居民如何进行防护。

2.4 修复阶段

修复阶段旨在详细设计和实施必要的修复措施。修复的目的是消除污染物、限制暴露或防止污染物进入土壤、水或空气中。

修复举措千差万别，可以是简单的表层土壤挖掘，也可以是长期抽出处理污染地下水，或者是复杂的原位治理。

在制定详细修复方案的过程中，通常有必要针对特定修复技术开展一定的补充采样调查。例如，提供更详细的污染范围信息，或在采用气相抽提技术时开展必要的抽水试验。

如果污染物浓度低于清除标准，则可参照《轻度污染区居民行为建议》导则[4]采取适当的预防性措施。

2.5 过程监控与评价阶段

过程监控与评价阶段旨在检验修复成效。

在启动该阶段之前，应首先明确相关测量参数的操作流程，包括确定预警值（用于调整修复措施的临界值）、结束值（用于结束过程监控与评价的临界值）。为确保达到修复成效，需要持续开展过程监控和跟踪评估，因此还应明确相应报备工作的频率和形式。

2.6 信息发布策略

依据活动范围，告知受影响的居民当前正在开展的活动内容。这种信息发布应该是整个调查整治过程的一个组成部分。高质量的信息能确保修复活动尽可能顺利地进行。

负责人有义务为居民提供必要的信息，可以通过发布告示来完成。最好通过信息发布会的形式通知当地居民，可辅以告知函。

在整治行动开始前，居民应得到相关通知。信息发布贯穿整治全过程，需告知当事人有关举措、结果、结论和后果。此外，还应包含完整的时间计划表，包括后续信息的发布计划。

3 初始调查

3.1 简介

在初始调查中，应获取相关场地当下可用的所有信息。对大多数工业场地而言，该工作的主要目的是确定潜在污染源的性质和位置。

初始调查阶段所收集的信息为后续采样调查过程提供基础资料。因此，需要高度重视初始调查工作。

初始调查包括：

- 收集有关场地利用的历史数据①。
- 采集该地区的地质和水文数据。
- 现场踏勘。
- 评估所收集的数据，并预判潜在污染。

3.2 场地历史和当前用途

应尽可能通过获得的数据来说明场地历史和当前用途：

- 场地的精确位置和范围。如果场地曾被拆分过，我们需要注意之前的场地范围比当前要大。
- 各类建筑活动及可能的地形改造活动。
- 现有企业类型，以及按时间顺序排列的其他土地用途。
- 依据生产信息（包括使用过的设备和工艺）来识别该场地上所有潜在的污染活动。由于生产方式可能已发生改变，因此还需要针对企业运营的不同时期来收集信息。

可从不同途径获取相关信息，表 3.1 列出了一些有用的信息来源。根据以往的经验，信息来源可分为主要来源和辅助来源两类。最重要的信息可以从主要来

① 原书此处有部分内容，限于篇幅未译。——译者注

源中获得。如果主要来源还不够，则补充信息可以从辅助来源中寻找。这种划分仅供参考，因为信息需求因特定场地而异。此外，还可进一步参考《土壤污染物及其来源制图导则》[1]。

表 3.1 反映场地历史和当前用途的信息来源

主要来源	辅助来源
地方监管部门记录	公司注册处等
当地历史记录	劳动环境服务部门
设备和工艺的背景资料	皇家图书馆
访谈和调查	丹麦国家商业档案馆
公司记录	全国性调查和地籍档案资料
土地登记管理部门	
警察局和消防部门	

下面是表 3.1 所提及的信息来源简介。

（1）地方监管部门记录

地方当局保有建设工程的相关记录（包括污水处理系统）、环保审批和检查的记录（包括确认存在的污染）、地下石油和化学品储罐的记录，以及产生化工废物的企业的记录。

一些地方部门甚至会在同一文件中记录特定场地的所有上述信息，但各地的存档方式会有所差异。

1974 年丹麦自《环境保护法》生效后，开始实施环境许可证制度。环境许可证包含生产流程、污染控制措施、废物及其处置的描述。该法案罗列了部分具有区域性影响的企业类型，明确这些企业由地方当局监管。

（2）当地历史记录

当地的历史档案、老地图、电话簿和信息册也有使用价值，甚至相关照片及剪报收藏亦可提供一定的信息。此外，这些部门的工作人员往往对当地历史情况十分了解。

（3）设备和工艺的背景资料

生产技术、工艺、原料和化学品等相关知识可以在专业文献或行业组织中找到。

有关土壤和地下水的资料广泛存在于各类行业企业，除生产和潜在污染源信息之外，还包括分析参数、早期调查信息，以及场地中已确认存在的土壤和地下水污染的相关描述。此类资料详见附录 1。

（4）访谈和调查

通过与以往和当前员工的访谈，可以补充相关记录和文献中的信息。因此，如有可能，数据收集工作应包括人员访谈。

现场踏勘也有必要，以通过走访来核实场地当前状况与有关资料所记载的信息是否一致。应记录现有建筑和设施的位置，还应留意土壤污染的明显迹象。

此外，还有必要关注进入场地的道路，为后续现场钻井作业做好准备。

现场踏勘的核对清单见附录 2。

（5）公司记录

企业可能保留了相关信息，包括原材料用量和产品产量的记录及统计资料，以及老照片或图纸资料等[5]。

（6）土地登记管理部门

这里保存了场地前期业主的相关信息。可从当地土地登记管理部门，通过核对有关地籍的声明和附录来获取所需信息。

（7）警察局和消防部门

当地警察局或消防部门可能保存着易燃易爆物品的仓储信息，也可能提供具有环保意义的有关历史信息，如火灾或泼洒、泄漏、外溢等其他意外事故。在某些情况下，它们甚至可能从地方政府获得并保存下来 1970 年之前的信息。

（8）公司注册处等

关于有限公司的更多详细信息可从公司注册管理处、康帕斯丹麦（Kompass）、绿色丹麦基金会等机构获得。这些文件通常包括该公司的主要活动。

（9）国家劳动环境管理局①

可以从国家劳动环境管理局获得关于化学品和事故的信息。这里应通过企业名称来调取历史档案，而非地址或地籍编号。

（10）皇家图书馆

皇家图书馆保存了少量于 1945 年之前拍摄的航空照片。

航空照片有助于了解场地的土地使用情况，可反映出罐体、仓储桶和废物等的位置分布。此外，图书馆还收藏了大量地图。

（11）丹麦国家商业档案馆

位于奥胡斯的丹麦国家商业档案馆关税协会档案分馆，保存了保险公司于 1896～1982 年针对所有规模较大企业（约 5 万家）的核查信息。

可以在丹麦国家商业档案馆进行注册，但调阅具体报告需要有丹麦保险协会

---

① 即表 3.1 中的劳动环境服务部门。——译者注

的许可。

（12）全国性调查与地籍档案资料

可从全国性调查与地籍档案资料中查阅1945年之前的航空照片，需在皇家图书馆登记使用。

最后，丹麦国家博物馆存有工业登记信息。

3.3 地表受纳水体及土壤和地下水条件

当获取了所在地的地质和水文地质条件信息时，则可以开展初步的脆弱性评估工作。

此外，应当简要分析该地区的取水、地下水流动和地表受纳水体情况。

土壤和地下水条件、地表受纳水体的相关数据可从以下途径获取：

- 地形图（比例尺1∶25000）。
- 地质基础数据地图。
- 地下水位地图。
- 取水计划。
- 供水计划。
- 地质文献。
- 所在地的其他调查。

地下水位、取水和地下水质量信息可从地方政府获取。

大区政府部门，主要是丹麦和格陵兰地质调查局（GEUS），以及地方管理部门可提供场地附近的钻井位置信息。除此之外，还可获取到相应的地层和地下水深度信息。

3.4 报告

初始调查结果应按数据收集的方式进行报告（3.2节和3.3节），并尽可能清晰易懂，还应将其与场地潜在污染的原始假设对比联系起来。

应指出信息来源（表3.1），以及所收集（历史）信息的不足之处。

报告宜包含数据表单和相关的地图附件。数据表单通过表格和关键词的形式表述信息。以一幅或更多的地图展现建筑物或生产活动的相关特性，以及潜在的污染活动的位置。

4 采样调查

4.1 简介

污染调查及数据收集的工作范围完全取决于初始调查的结果和后续风险评估的数据需求。《土壤采样与分析导则》[3]的部分信息已列入本章。本章包括下列主要内容①：

- 土壤和地下水采样。
- 土壤气采样。
- 检测方法。
- 建筑物数据的收集。
- 地质、水文地质和水文。

4.2 土壤和地下水采样

在采样调查阶段，通常从钻孔和地下监测井中采集土壤和水样。采样的目的是描述污染、土壤和地下水的特点，为风险分析及实施必要的修复提供可靠依据。

4.2.1 土壤钻孔位置

土壤钻孔通常位于如下地点：

- 基于历史和现有生产装置的位置，以及其他土地利用信息所推断的污染（热点）区域。
- 在已确认的受污染区域的边界附近，用于明确污染的范围。
- 在曾经有过或者可能有过对污染敏感的土地用途的区域。这些区域通常需要布设相对密度较高的钻孔。

---

① 相关技术方法的具体介绍见附录 3～11。——译者注

■ 在场地的其他部分，因为并不总能在初始调查期间判定出所有热点区域，并且泄漏事件往往会覆盖场地的大部分区域。

为了揭示场地中的未知污染，并且达到最佳的统计可靠性，应根据一定的规则来布设钻孔。在这种情况下，可划定采样区域/网格/网络。表 4.1 列明了从给定面积区域中捕捉未知污染热点所需的采样点数量。

表 4.1 捕捉污染热点所需的采样点数目（400m² 区域）

热点区域直径/m	污染面积比例/%	概率/%			
		50*	90*	95*	99*
10	20	2	5	6	7
7	10	5	10	12	15
5	5	10	20	24	29
3	2	28	54	65	81
2	0.8	62	122	147	183
1	0.2	249	488	589	731

*捕捉到污染热点的概率

例如，表 4.1 表明，如果在 $400m^2$ 范围内布设 24 个采样点（钻孔），则发现直径为 5m 的污染区域的概率达到 95%。

高概率地捕捉较小的未知污染热点区域在经济上是不可行的。通常情况下，需要基于已知的污染源及其扩散趋势开展调查。当仅使用几个钻孔时，则不可能捕捉到全部较小的热点区域及完全摸透污染状况。需要强调的是，每一个钻孔仅反映一个点位的情况。因此，评估场地污染时应谨慎分析各点位的测量结果。

《土壤采样与分析导则》[3] 对钻孔的位置和数量做了更为详细的描述，还提供了布点策略示例、未知污染源或有特殊目的情形下的采样密度建议。此外，可按表 4.1 的粗略建议采集最低限度的代表性样品。

4.2.2 钻孔/挖掘

钻孔的目的是获取有代表性的样品，用于明确水平和垂直方向上的地质和污染特点。附录 3 为有关钻孔作业的更详尽说明。

当在非常接近地表的地方采集土样时，可以用挖掘代替钻孔。挖掘通常使用沟槽挖掘机，只有在极少数情况下适宜采用徒手挖掘的方式。挖掘机可以提供一个良好的土层剖面，并能呈现出污染的变化情况。挖掘作业特别适宜于污染分布不均匀的情况，如垃圾填埋场，或需要调查其他地质条件时。还要注意的是，如果在开挖之前即得到允许，可将挖出的土再次回填到沟槽，即便它是污染土，这种情况很有利于现场工作。

深度在3～4m的浅钻孔调查往往用于捕捉污染区域，描述上层土壤或靠近地表的地下水含水层的污染状况。

通常情况下，使用最多1m深的非常浅的钻孔来捕捉接近地表处的金属污染。这些钻孔通常可以用挖掘材料回填。如果钻孔的深度超过3～4m，则应使用套管跟进的方式以避免可能的交叉污染。通常采用无浆液螺旋钻进方法钻孔。附录3有关于钻孔和筛管安装方法的详细描述。

大于4～5m的钻孔除用于分析上层污染外，还能捕捉深层土壤污染，并获取深层地下水的相关信息。在这一深度的不同含水层间掘进时，应使用套管，以保证土样的代表性，并防止交叉污染。最常使用无浆液螺旋钻，采用套管跟进的钻孔方式。附录3有关于钻孔和筛管安装方法的详细描述。

安装监测井用于调查深层含水层、监测地下水或通过抽水修复地下水。附录3中有不同钻井方法的描述。在许多情况下，监测井在上层含水层开筛。

4.2.3 土壤采样

通常在同一深度处采集一组共两个土样。第一个样品用于编录，包括现场测量和地质特点记录。第二个样品用于化学分析。通常每间隔0.5m采集一组样品。然而作为最低要求，每个土壤层应至少采集一组。

应根据污染类型采用适宜的采样、封装、处理和存储方法。应按导则规定严格操作，特别是有挥发性污染物的样品，否则调查将失去其价值。土壤取样规范在附录4和《土壤采样与分析导则》[3]中有详细的表述。

4.2.4 地下水采样

从监测井中获得水样，通过其特征参数的调查来反映含水层状况。

水样通常从井中的开筛处采集。在初步筛测井中，开筛位置一般仅位于上层饱水区域。而针对常规监测井，开筛位置则取决于水文地质条件和钻探的特定目的，具体参照附录3。

采样包括三个阶段：

- 洗井。
- 采样。
- 样品储存。

成井洗井和采样前洗井之间存在差别。在井建成之后，为了达到最佳的使用效率，应立即通过抽水来洗井。成井洗井可以作为抽水试验的一部分，参见4.2.5节。

在初步筛测井中，地下水与空气接触。这意味着井及其附近的地下水的温度、含氧量和二氧化碳含量可能与含水层内部明显不同。由于存在化学和生物反应，含水层和井中的污染物含量也可能不同。此外，还存在挥发性化合物从井水中挥发的风险。

为了尽可能收集到代表地下水含水层的水样，应该在采样前进行洗井。根据钻孔性质和水力条件，采用不同类型的泵进行清洗和取样。附录5中有关于各种类型的泵和清洗方法的详细表述。

采样的目的是通过监测井从含水层中获得水样。在此阶段，应注意以下三点：

- 设备不应污染样品。
- 设备不应由能吸附或吸收污染物的材料制成。
- 选用的方法不应对样品中污染物的含量造成偏差。

附录5中有关于地下水采样的详细表述。附录12提供了可用于地下水采样的标准表格。应在现场测量部分参数（O_2、CO_2、氧化还原电位、pH），因为这些参数可能在样品运输途中发生变化。

在运往实验室的过程中，用于存储样品的包装应确保样品尽可能少地变化。样品容器应在运到现场之前，在实验室内完成清洗。用于有机参数分析的水样应存放于拧紧盖子的玻璃瓶中。用于分析无机参数的样品，如重金属，通常存储于塑料瓶中。对于某些特征参数，实验室会提供专门清洗过的或添加过保护剂的样品容器。

水样应避光低温（4℃）储存。从采样到检测的时间应压缩至最低限度。样品应尽可能在其采集的同一天递送到实验室。如果不可能实现，则应在分析表单上注明实际情况。

4.2.5 抽水试验

通过抽水试验确定地下水含水层的物理特性和水力联系，获取与时间、抽水量和距离相关的水位信息。

分步抽水试验可用于测定井的特性，包括抽水井中水流通过筛管所引起的井损，以及总井效率。因此，可以说该试验主要是为了证明“井有多好”，即井可以出多少水，而这与含水层的潜在出水量有关。

完井之后应洗井，也可将其作为抽水试验的初始操作。因此，还将进一步获得井有多好，以及含水层的水力参数方面的信息。

依据地下水建井的规定程序[6]，抽水试验至少分三步，并需抽取不同的水量。所有步骤都应定时测定产水量。试验开始时的井头测量频率要高于试验后期，如附录 11 所述。最后一步之后，以相同的时间间隔测量水头恢复情况。据此，可以计算出井的效率和井头损失。

恒定流量的抽水试验可用于测定地下水的水力参数和影响半径。原则上，地下水调查中的抽水试验是从特定的一个井中以恒定的流量抽水，同时在观测井中测定水位下降情况（测量井中的水位下降数据）。停止抽水后，测定观测井的恢复情况（测量井中的水位恢复数据）。

观测到的水位下降/恢复数据可视为与时间和距离相关的函数，用于衡量地下水含水层的水力特性，包括渗透系数、储水/出水量、渗漏量等。此外，也能获取有关含水层边界条件、补给边界（如河道）或排泄边界（如黏土弱透水层）方面的信息，以及含水层的非均质性信息。

相关分析完成后，原则上可以计算出任何给定抽水量的水位下降值，这可以为抽出处理地下水的修复方案设计提供依据。有关抽水试验的更详细表述见附录 11。

4.3 土壤气采样

4.3.1 土壤气中有机和无机气体的监测

在不饱和区，污染物主要分布于三相介质中：吸附在土壤上、溶解在土壤水中，以及存在于土壤气中（重污染时，污染物还可以形成单独的一相）。污染物在三相之间的分配取决于其物理/化学性质。

土壤中的挥发性污染物往往是气态的，同时考虑到土壤有一定的透气性，因而在调查土壤污染时，适于开展土壤气监测。

土壤气监测通常适用于高挥发性烃类污染物（如苯、甲苯、二甲苯或有机氯溶剂），也可用于萘和氢氰化物等其他污染物。

土壤气监测特别适用于以下情况：

- 特别敏感的土地利用方式的风险评估，包括室内空气污染。
- 针对可能存在挥发性污染物的初步调查。
- 确定土壤污染的范围和接近地表的地下水的污染范围。
- 确定土壤或地下水污染点源的位置，如填埋区。

通过将探头钻到不饱和区的给定深度进行土壤气测量，也可使用专门配备了采样和分析设备的车辆进行操作。典型采样深度为 1～5m，具体取决于工作目的、地质条件和潜在污染的分布情况。土壤气从探头向上传送，收集于聚氟乙烯采样袋或吸附管中用于后续检测分析。收集方法取决于所选用的分析方法。当评估室内空气污染风险时，土壤气监测也可以在建筑物地板下的裂层中进行。附录 6 中有更详细的关于土壤气监测的表述。

后续检测分析可采用 PID（光离子化检测器）、便携式气相色谱仪等进行现场测定，也可在实验室中完成。野外现场测定的优点是，当样品收集完后，可立即获取分析结果，因而可以对现场调查工作不断进行调整。然而，实验室分析的不确定性和检出限更低。

分析方法的选择取决于土壤气监测的用途。如果为了摸清确定存在的污染，快速得到结果往往十分重要，因而最适合于进行现场检测。然而对于初步污染调查或者室内空气污染的风险评估，在实验室进行检测分析可能更合适。

4.3.2 填埋气

针对填埋了可生物降解废物的区域，开展土壤气调查，用于评估积聚的甲烷造成填埋场地上或其附近的建筑物发生爆炸的风险。

附录 7 提供了有关填埋气的简要信息。调查工作主要包括：

- 收集填埋场的地质和地下水等方面的数据。
- 确定产气区域及其压力状况。
- 收集有关建设信息，包括地下电缆和管道。

有关产气和气体传输的参数信息是最基础的信息。

填埋场的资料清单包括：

- 填埋的废弃物种类。
- 废弃物填埋量、填埋层厚度。
- 废弃物填埋时间。
- 当地的地质条件。
- 地下水条件。
- 填埋场的覆层。

为了确定产气区域、识别源强，必须在现场进行土壤气监测。附录 8 提供了有关填埋气监测的操作指南。

季节变化、气象条件等对监测结果有显著影响，因而在下结论之前，建议一年内对填埋气进行三次监测。当地表浸水、覆雪，或出现气压由高变低，以及地面温度较高的情况时，则应尽可能地开展土壤气监测。

由于气体可在多孔的土壤中水平传输，土壤气监测范围应涵盖填埋区及其附近的重要区域。气体传输的临界距离取决于当地的地质状况。表 4.2 列举了典型场地的临界距离。

表 4.2　填埋区气体传输的临界距离（对照图 4.1）

冰碛黏土	细砂	粗砂
10m	25m	250m

建议按网格形式（如 50m×50m）布设土壤气监测点，如图 4.1 所示。5.3.3 节介绍了如何进行数据分析，包括对实际临界距离的评估。

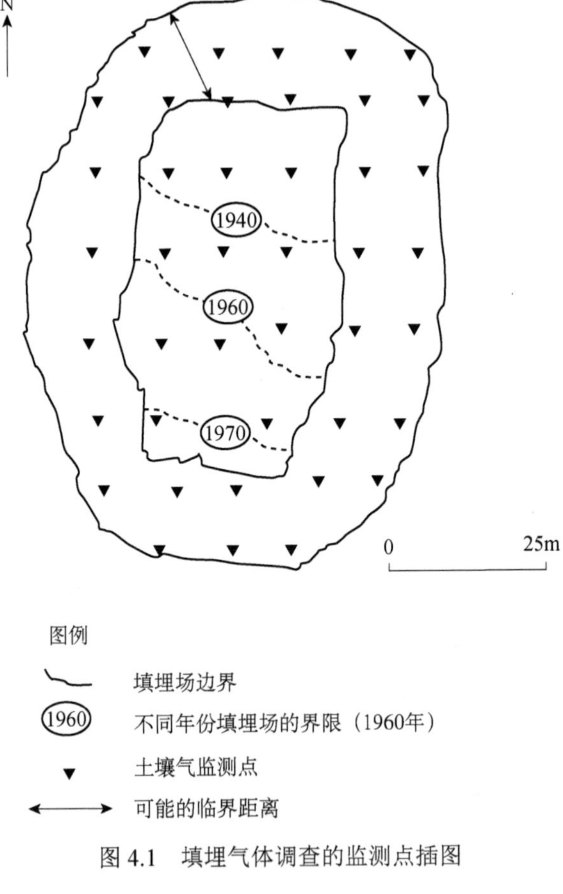

图 4.1　填埋气体调查的监测点插图

图 4.1 显示了已被填埋的废采石场的边界。该采石场在 1940～1972 年从北到南填埋。通过航空照片，可以了解到不同时间阶段的变化状况。当地土层主要由细砂组成。由表 4.2 可知，该填埋场周边 25m 范围内存在填埋气扩散风险。

为了确定场地是否仍在继续产生填埋气，工作人员在约 25m×25m 的网格中布设了大量的测量点，开展土壤气监测。

为了评估气体穿透场地上的或其周边建筑物的风险，需要收集有关建筑物构造方面的信息、地下电缆和管道，以及存在气体扩散风险的其他地下设施的信息。有关建筑物的资料清单包括：

- 地下电缆等。
- 其他地下设施。
- 地基和托梁。
- 地板。
- 有关地板裂缝的记录。
- 有关管道进口的记录。
- 通风情况（如天花板高度、换气）。
- 距离。

在确定了产气区域和填埋气传输的实际临界距离之后，再收集可能受影响的建筑物的构造信息。

4.3.3 室内空气

在特殊情况下，有必要对一些与人体健康相关的现有建筑物进行室内空气调查。空气质量的监测方法和步骤参照国家住房和建设署制定的土壤污染所致室内空气污染的测定规范[7]。作为最基本要求，以下三类地方需要开展调查：

- 建筑物中可能受土壤污染影响最重的地方。
- 建筑物中土壤污染风险最低的地方，且该地居民会频繁使用。
- 受室外空气污染影响的室内区域。

监测点的设置和数量遵从上述原则。然而，气压、风速、建筑物的气压、室内活动和建筑材料等一系列因素都可能会对测量结果造成较大影响。不同因素的影响及其应对措施参照国家住房和建设署的有关规范[7]。

4.4 检测方法

通过检测土壤和地下水样品来确定所调查地区的污染程度。

检测方法种类繁多，在成本、时间、待测物类别、仪器的检测限、检测方法的准确度和精确度等方面存在差异。

相较于其他分析方法，现场筛测方法的准确性较差，但该方法通过单次分析能获取更多污染物的信息。现场检测不能直接定量特定污染物的含量，但可对一些类别的污染物做出快速定性判断。

当调查未知污染物时，应首先进行广谱扫描，虽不够精确，但能更广泛地筛查潜在污染物。此时增大检测数量比片面追求检测精度更有利于捕捉场地污染。

4.4.1 现场检测方法

表 4.3 为各类现场检测方法，包含非特异性方法、适用特定污染类型和物质的方法等。

表 4.3 现场检测方法及适用物质[3]

现场检测方法		检测类别
非特异性方法	人工目测	石油、沥青、矿渣、氰化物
	FID	有机氯溶剂、汽油、苯酚、石油、沥青
	PID	有机氯溶剂、汽油、苯酚、石油、沥青
特定污染类型分析方法	免疫分析法	石油、汽油、多环芳烃、多氯苯酚、金属
	红外光谱法	石油、汽油、有机氯溶剂
	管测法	汽油、水溶性溶剂、有机氯溶剂、氰化物
	显色法	汽油、石油、多氯苯酚、金属
	电化势法*	石油
	荧光法*	石油、沥青
	光纤法	石油、汽油、有机氯溶剂
特定物质分析方法	GC/PID/FID/ECD、顶空进样、土壤浸提	汽油、石油、有机氯溶剂、水溶性溶剂
	EDXRF	重金属
	薄层色谱法*	石油、沥青、杀虫剂、多氯苯酚

*方法还在开发中

对于挥发性有机物，常使用光离子化检测器（PID）或火焰离子化检测器（FID）等进行检测。使用 PID 检测时可参照《土壤采样与分析导则》[3] 中的说明。FID 与 PID 的作用相似，但 FID 比 PID 的检测范围更广。

这种方法测定的是土壤样品上方的空气，因而仅针对气相挥发性物质。也可以采用带有不同检测器的便携式气相色谱仪。最常见的是 PID。除外，还有 FID 和电子捕获检测器（ECD）。气相色谱仪可以测定特定的污染物。

X 射线荧光检测仪（XRF）可以对土壤中的重金属进行测定。可用便携式设备进行现场分析，也可以将土壤样品采集后在实验室中进行检测。XRF 是测定土壤重金属的特有方法，但对不同重金属的灵敏度不同，因此不同重金属的检测限存在差异。XRF 的放射源会慢慢衰减，导致仪器的灵敏度逐渐变低，因此有必要根据制造商的说明进行维护。该方法对土壤类型十分敏感，因此野外检测结果也常需要与实验室分析结果进行核对。

还有许多现场检测方法通过使用能使污染物发生显色反应的溶剂来判断污染类型。有关各类方法及其适用物质的详细说明可参照《土壤采样与分析导则》[3]。

4.4.2 实验室检测

一般来说，正规的实验室分析应在污染调查期间进行，应能确定潜在的污染物种类和浓度，检测限应满足实际需要（检测限不高于可接受标准的 1/10），并有可靠的精确度（通常为标准偏差的 10%～20%）。

实验室分析既可以用于污染物的筛查，也可以用于特定物质的检测。当污染物未知时，通常需要进行筛查分析，以捕捉存在的污染物种类。当污染类型已知，可检测目标污染物。不同分析方法见附录 9。实验室检测分析的有关细节见《土壤采样与分析导则》[3]。

4.5 建筑物数据的收集

在调查室内空气污染，或针对挥发性污染物和填埋气采取治理措施之前，应对现有建筑物的情况进行调查。具体方法参照国家住房和建设署的有关规范[7]。

可以从地方政府、土地登记部门、土地历史和当前所有者、相关调查等渠道收集建筑物的背景资料。主要信息应包括：

- 建筑物的使用时间。
- 建筑结构。
- 与土壤接触的材料及地板的厚度。
- 钢筋和混凝土质量。
- 房间高度。
- 装修工程。
- 建筑物当前和过去的生产、使用等具体情况。
- 电缆和管道。

后续调查中，应将所收集到的背景信息与实际情况进行比对。此外，还应关注以下内容：

■ 地板上是否有肉眼可见的裂纹[8]。

■ 场地上建筑设施的质量，如管道接口的气密性[8]。

■ 建筑物本身、土地使用、管件、建筑内活动、存储物等是否会引起与建筑物地下相同类型的污染。

■ 建筑物周围的空气污染源是否会引起与建筑物地下相同类型的污染。

■ 地面是否有潮湿（或类似）迹象。

■ 建筑物里的气味和异味。

■ 通风情况。

以上信息将用于建筑物状况的整体性评估和室内空气质量防护措施的评价，具体情况参阅《建筑设施空气质量调查导则》[8]。

4.6 地质、水文地质和水文

在污染调查阶段，应阐明场地的地质和水文地质条件，摸清土层的地质特点。除利用基本资料外，还可从调查钻孔采集的土壤样品中获取土层地质信息，土工测试和地球物理探测也可作为补充。地质调查范围见附录 10。

水文地质条件描述应包括地下水相关状况的详细信息。地质调查结果和地下水监测井观测结果是地下水含水层评估的基础。除此之外，抽水试验（4.2.5 节）和地下水建模也能作为补充。可通过地下水水头、流向、水力梯度、水力参数和排泄等信息来综合确定不同含水层的流量。

污染调查期间还应关注区域内的地表受纳水体。若其靠近受污染场地，则应调查该地表受纳水体是否也受到污染。污染通常由地下水流或地表径流造成。但在大多数情况下，地下水流是关键途径。

综合地质模型、地下水和地表水位等信息，可以判断地下水污染是否能到达地表水体。如果确有污染现象，则应采集分析靠近地表水体的地下水样品，并综合考虑污染物的混合、降解、吸附等机制，估算地下水污染物的贡献比例。

5 风险评估

5.1 内涵、流程及数据要求

风险评估是对污染物的环境和人体健康影响的评估，也是决定是否采取污染防治措施的先决条件。

风险评估应以污染物类型、污染传输和暴露途径，以及特定情形下所涉及的敏感受体等具体情况和信息为基础。风险评估必须基于：

■ 污染调查结果，包括污染性质和污染程度，以及地质、水文地质和水文条件。

■ 关注污染物的危害评估。

■ 潜在传输和暴露途径的调查（脆弱性评估）。

■ 受体的相关暴露信息。

风险评估需重点关注对目标人群造成损害的途径及其后果。具体操作原则可参考《环境项目 123》[9]。丹麦的相关导则主要关注人群暴露。在极少数情况下，也可能考虑生态毒理效应。

危害评估是对潜在污染物固有特性的综合评述。可定性地将危害表述为致癌性、腐蚀性、毒性等，其影响可分为急性和长期（慢性）效应。应尽可能地量化危害，明确污染物引发不利影响的阈值浓度。

分析特定污染物的危害属性需要建立在对其毒性、生物降解性、生物可利用性和迁移性等进行综合评价的基础上。

某些物质质量标准的取值已经体现了其危害性的影响。有关物质的简介、效应信息及相关运算等见文献［10-12］。

脆弱性评估需要考虑可能的传输和暴露途径，如图 5.1 所示。

通常，可从三个最重要的方面来评估脆弱性：与土地利用相关的人群健康防护需求、地下水保护需求、地表水和土壤保护需求。

第 4 章的采样调查内容明确了有关参数测定的各项要求。事实上，风险评估应作为采样调查的后续必要工作来统筹考虑。

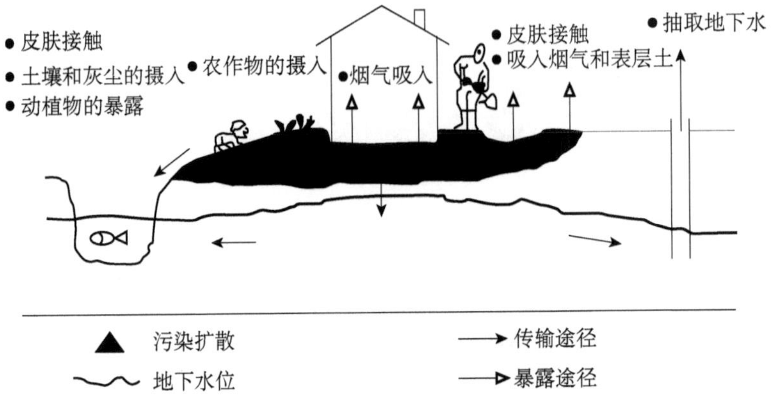

图 5.1　传输和暴露途径

土壤污染与土壤气或地下水污染没有明显的界线。在饱和带，土壤颗粒之间填充有地下水，污染物在土壤颗粒和地下水之间处于动态平衡状态。同样，在非饱和带，土壤颗粒之间存在气体和地下水，挥发性物质在土壤、气体和水之间形成动态平衡。

尽管从纯粹的物理意义上很难区分土壤、地下水和土壤气污染，但仍有必要对土地利用、地下水、气体挥发进行单独的风险评估。

5.2　土地利用

5.2.1　定义

修复污染场地往往会遇到不同的土壤类型：未扰动过的污染土壤、挖掘过的污染或未污染土壤、从外部运来的土壤。具体分类如图 5.2 所示。

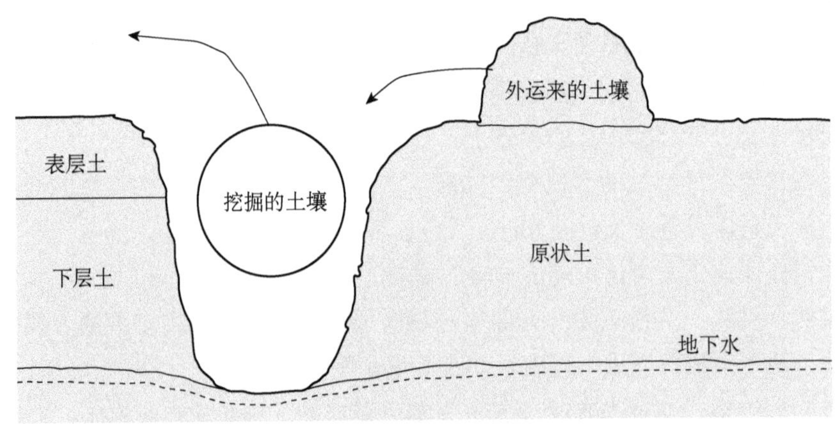

图 5.2　污染场地修复过程中的土壤种类

在城区，大部分表层土属于回填土。

这些土壤的区别如下：

■ 污染场地现场采掘的土壤，可能是来自该场地的其他区域，也可能是从外部运输进来的土壤，或是已处置过的土壤。

■ 表层土是最上层的土壤，也是对地表活动最敏感的土壤。表层土厚度通常在0.25～1m，具体取决于场地的用途。

■ 下层土指的是位于表层土和地下水位之间的土层。

开展污染场地风险评估时，必须区分环境质量标准、可接受标准和清除标准的概念，详细定义如下。

质量标准（quality criteria）：土壤质量标准旨在保护公众健康。它考虑了人类毒理学研究成果，以及土壤中污染物的相关暴露途径。在某些情况下，还考虑到美学和卫生等因素，如气味或外观也会影响土壤质量标准定值。只要符合土壤质量标准，任何人都可不受限制地使用土壤，即使抱有敏感性很强的目的。但是，符合土壤质量标准并不一定符合地下水或空气的有关标准。

可接受标准（acceptance criteria）：可接受标准指的是在不同土地用途和特定区位中，可以接受的土壤污染物含量。它取决于具体的风险评估结果及场地的用途。

清除标准（cut-off criteria）：对某些迁移性差且难降解的物质，不仅有土壤质量标准，还针对表层土壤污染制定了清除标准。对于土地用途敏感的区域，土壤污染一旦超过清除标准值，则意味着必须切断与污染土壤的接触途径，也就是说，需要对污染土壤进行彻底清理或开挖。

丹麦导则重点关注人群暴露。关于生态毒理效应，请参考丹麦环保署发布的《土壤和地下水项目》中有关土壤生态毒理质量标准的相关内容[11]。

需要注意的是，符合土壤质量标准要求，并不一定符合地下水或空气的有关标准要求。第6章将对土壤环境质量标准做进一步的阐述。

5.2.2 暴露

土壤污染可能对人类、动物和植物构成威胁，其主要发生在表层土。

对于人类，主要暴露途径包括：

■ 经口直接摄入土壤。

■ 摄入在土壤中种植的农作物。

■ 皮肤接触土壤。

■ 吸入土壤颗粒。

■ 吸入土壤气。

除人类外，植物和动物也会暴露于污染土壤。

不同的土地利用方式将导致不同的活动模式，因而关键暴露途径通常取决于土地用途。以下因素需重点关注：

■ 接触污染的可能性。

■ 暴露时间。

■ 暴露途径。

■ 暴露人群的敏感性。

土地用途按敏感性可划分为三级：高敏感、敏感和不敏感（表 5.1）。当儿童极可能经口摄入污染土壤，或存在人群因吸入挥发性污染物而受到健康损害的可能时，相应的污染场地利用最为敏感。

土地使用深度是指场地所使用到的土壤深度。施工时有可能比此更深，此时有必要采取适当的工程措施。

不同用地方式的土地使用深度不同，通常一般最小如下：

■ 1m。属高敏感的土地利用情形，如人类与土壤频繁接触的私家花园、幼儿园，以及种植食用农产品的土地。

■ 0.5m。公园区域，或者其他公众可接触到的永久性种植区。

■ 0.25m。有硬化地面或种有草皮，并且不再有新土方工程的区域。

也存在土地使用深度超过上述数值或者偶尔需要在更深的土层工作的情况。例如，种树或挖树，或者建筑活动中的挖掘工作。

丹麦环保署发布的《环境项目 123》[9] 对常见土地利用方式的暴露模式进行了概述，如表 5.1 所示。从上述介绍可知，风险评估因地而异，会推导得到不同的可接受标准值。

表 5.1　不同土地利用下的暴露情景

土地用途	敏感性	用户	场地类型	日暴露时间	暴露途径		
					吸入	皮肤接触	经口摄入
公路	不敏感	成年人	铺路	数分钟	(+)	−	−
工业	不敏感	成年人	建筑物 停车场 草地	8h 数分钟 数分钟	++ (+) (+)	− − (+)	− − −
办公	不敏感/敏感	成年人	建筑物 停车场 草地	8h 数分钟 数分钟	++ (+) (+)	− − (+)	− − −

续表

土地用途	敏感性	用户	场地类型	日暴露时间	暴露途径		
					吸入	皮肤接触	经口摄入
商店（食品）	不敏感/敏感	成年人、儿童、孕妇、老人、患者	建筑物	8h（雇员） 1h（顾客）	++ ++	– –	(+) –
公寓	敏感	成年人、儿童、孕妇、老人、患者	建筑物 停车场 草地 运动场	24h 数分钟到数小时 4～12h 4～12h	+++ (+) (+)	– – + +++	– – + +++
私家住宅	高敏感	成年人、儿童、孕妇、老人、患者	建筑物 菜园 （草地） 花坛	24h 4～12h 4～12h 3/4 年	+++ (+) (+)	– + +	– + ++ ++
社区花园	敏感	成年人、儿童、孕妇、老人、患者	建筑物 菜园 （草地） 花坛	4～8h 1/4 年	+++ (+) (+)	– + +	– + ++ ++
娱乐区	敏感	成年人、儿童、孕妇、老人、患者	草地 运动场 花坛 道路	3～5h 3～5h 数分钟/数小时 数分钟	(+) + (+) (+)	+ +++ ++ (+)	+ +++ ++ –
学校	敏感	成年人、学龄儿童、孕妇	建筑物 道路 草地	4～8h 2h 1h	++ – (+)	– – ++	– – (+)
幼儿园	高敏感	成年人、儿童、孕妇	建筑物 操场 道路 停车场	8h 8h 8h 数分钟	++ + – –	– +++ – –	– +++ – –
疗养院	敏感	老人、患者、成年人、孕妇	建筑物 草地 围栏	24h 0～3h	+++ (+) –	– (+) –	– – –

注：“–”不可能，“(+)”略有可能，“+”有可能，“++”很可能，“+++”非常可能

一般会基于特定场地的土地使用深度，提出有针对性的土壤修复深度。但由于植被的清除作用、解冻、沉降或挥发等，可能产生修复深度大于或小于土地使用深度的情况（5.2.3 节）。

在制定详细修复方案时，由于暴露时间的不确定性，通常无法针对特定土地利用情形提出普适性的可接受标准值。这时，可选用必须达到土壤质量标准的土地使用深度作为替代。

5.2.3 可接受标准和修复原则

风险评估的重要目的是根据特定土地用途的敏感性，有针对性地确定污染物的可接受标准值。

对于相当一部分数量的污染物，丹麦环保署已经建立了土壤生态毒理质量标准（toxicological quality criteria），包括高敏感的用地方式，详见 6.2 节。

对于 10 种选定的物质，丹麦环保署还制定了其高敏感用地方式下表层土的清除标准。满足清除标准这一基本的预防性要求后，可不用将人群暴露再降至土壤质量标准下的同等水平，详见 6.3 节。

土壤质量标准和清除标准适用于相应的土地使用深度。但符合丹麦环保署的土壤质量标准并不能排除近表层污染物对受体或地下水的潜在风险，以及污染物挥发对室外或室内空气的影响（5.3.1 节和 5.3.2 节）。

若污染场地修复不考虑未来土地用途管制（相当于《废物贮存法案》的无条件关闭规定），则地表向下约 3m 均应满足土壤质量标准，除非地下水位接近地表。但也存在某些特殊情况，如为防止污染地下水而去除或修复更深处的污染，或是清除全部污染的预算有限。

若土地利用方式受到管制，则由此产生的暴露风险也得到控制，那么将不需要采取如挖掘、替换土工布等物理修复措施。

如果土地利用受到严格管制，进而不会产生与污染物的接触，或者场地表面铺设了石板或永久性草地，那么土地使用深度可视作零。

永久性草地覆盖的土地若出现退化或枯萎现象，则会形成裸地。那么在草地覆盖层重新形成前，禁止公众进入该区域。因此，行政管制需要有明确的责任界定和持续性的维护机制。

行政管制能通过减少土地使用深度来降低污染处置成本，但也会带来不便。应当充分衡量二者后，再来确定是否通过行政管制手段来减少污染场地使用深度。

实际上，有些区域并不适合行政管制，或无法保证土地使用深度为零。对于挥发性物质，即便土地使用深度为零，也需要采取措施禁止进入污染场地或停留。这一做法在某些情况下尤为必要，如污染物通过挥发进入室外空气并带来健康风险。

风险评估必须识别所有现存的或可能出现的与土壤污染相关的土地利用矛盾。

基于风险评估，确定需要采取适当的行动方案、治理/替换或建议性措施。采取的行动应能消除现有的土地利用矛盾。

在实施修复工作时，指定的土地使用深度均须达到标准要求。允许常规土地使用深度以下的土壤残留污染物。但应及时清除或处置含高浓度污染物的污染“热点”（例如，废气净化产生的废物、填埋的化学物质，以及汽油或焦油储罐等）。有时也存在无法立即实施或不具备经济可行性的情况，造成不能依据可接受标准来开展污染治理工作。针对中等程度的土地利用矛盾，可通过建议性的预防措施将人群暴露削减至可接受水平（6.3 节）。

替换上层 30cm 的土壤或采用行政管制手段，也能减少或预防污染暴露。有时，通过使用干净土壤来替换上层 30cm 的污染土壤，来解决高敏感土地利用方式的用地矛盾，以保证上层土壤满足土壤质量标准要求。此时，还必须布设土工布或隔离网将下层的受污染土壤与上层清洁土壤分隔开来。

使用土工布一方面可防止与受污染土壤的接触；另一方面也防止受污染土壤与清洁土壤混合。而土工布下方更深处的污染信息必须向公众公开，应当公示在如“Bygnings-og Boligregistret，BBR”的行政系统上，从而能给予土地所有者最新的动态信息。此外，任何土工布层以下的活动都需要采取严格的预防措施。

若调查显示超过 30cm 深处的土壤质量超出了土壤质量标准，而地表至上层 30cm 的土壤质量却符合标准，则作为高敏感用地使用前，需清除上层 30cm 的土壤并铺设土工布。对于公园和类公园的敏感类土地利用区域，若能通过行政管制将暴露限定在安全水平内或直接阻断暴露，则不需要清除受污染土壤。

在任何健康评估中，熟知自然物质和外来物质的背景水平都是非常重要的。因此，在物质的自然背景值超出土壤质量标准的情况下，土壤质量标准不再无条件适用，特别是对于某些重金属元素。

5.2.4 土壤污染评估

本节以高敏感土地利用方式以例，给出了与用地矛盾直接相关的最上层土壤的污染评估原则。

任何虽小，但连续且不符合土壤质量标准的地方都需要采取修复措施（如预防措施、隔断、挖掘等）。

如果发现某潜在污染场地超过土壤质量标准，则需识别污染物的分布，进而进行修复。

如果污染物浓度与距最高浓度点的距离呈负相关关系，则即便没有关于潜在污染源的历史记录，也意味着可能存在污染“热点”。必须在这样的区域进行污染识别和修复。

超过标准的单个数值并不意味着污染“热点”的存在，也不能作为启动区域调查的依据。污染“热点”需要通过多项分析进行确认。

某些情况下，可依据超过土壤质量标准的污染物浓度值来发现特殊的填埋层。土壤填埋层可通过肉眼可见的残渣、某些类型的建筑垃圾、土壤质地、色彩等来识别。必须标识出不符合土壤质量标准的填埋层，并着手开始修复工作。

如果超过标准的情况在整个区域内呈现随机特点，则可排除“热点”或特殊填埋层的可能。在存在此类分散型污染的情况下，评估工作可根据两个不同的程序展开，并取决于污染物中是否包含这样的物质，其慢性或亚慢性效应会成为设置土壤质量标准的决定性因素；或者取决于是否包含一些物质，因其急性效应而制定了质量标准。

若存在其慢性毒性效应是设定质量标准的决定性因素的物质［如铅、镉、苯并（a）芘和总多环芳烃］，那么该区域只有在所有测试物浓度平均值低于既定土壤质量标准限值的情况下，才可用作高敏感用地。

若存在其急性毒性效应是设立毒性标准的决定性因素的物质，那么该区域只有在同时满足以下两个条件时，才可用作高敏感用地：

- 所有样品的平均值低于质量标准限定值。
- 所有样品中最高的前 10%的测试结果虽超过土壤质量标准，但均不超过土壤质量标准的 50%。

从 6.2 节可见特定物质质量标准的建立是基于急性效应或慢性效应。

以上原则均建立在与土地利用相关的受污染区域已开展过调查的基础上。也就是说，未涵盖那些来自已知未受污染区域的样本。

作为最低要求，应当执行和《土壤采样与分析导则》中的等级 1[3] 相类似的分析。

5.3 气体挥发（包括填埋气）

对于建在污染土地上的建筑物或室外区域，土壤或地下水中的污染物可能对室内外空气造成极大的风险。这可能是由挥发性物质引起的。在污染场地所存在的污染物质中，若含有氯化物等高挥发性有机物，则风险最大。此外，填埋场地的甲烷可能造成爆炸风险。

下面将分别阐述室外空气、室内空气和填埋气风险评估的不同方法。

各方法都有不同的程序步骤。其中有些步骤通过采用不同的理论方法，计算了土壤污染物含量、污染物挥发性与污染物进入室内外空气的传输过程之间的关系。相应模型如附录 13～16 所述。这些模型针对污染物对室内外空气的贡献率做了保守估计。丹麦相关导则包含了这些简单的模型，它们只适用于附录中所概述的情况。

更高级的模型则考虑了降解和水分入渗过程，在某研究土壤和地下水中化学物质动力学的项目中有所应用[13]，此处不再赘述。

除了自然因素和污染物浓度外，很多其他因素决定了污染物如何挥发进入空气中，以及是在室内还是室外。这些因素包括：

- 污染物深度。
- 土壤层的孔隙度和含水量。
- 建筑物的设计和所使用的材料。
- 建筑物周围的温度和压力梯度。
- 建筑物通风状况。

室内外的其他污染物可能会对测量和计算结果的解析带来一定的困难。例如，建筑材料、家具、毛毯等的排气，吸烟、交通、附近的工业源等。

5.3.1 室外空气

挥发性污染物能通过挥发进入空旷区域（空的或未覆盖的），造成不可接受的风险。

图 5.3 是针对计划作为高敏感用地的污染场地开展室外空气风险评估的流程。

以土壤和地下水样品的分析结果为基础，包括四个步骤：

1）计算土壤气和室外空气浓度。

2）测量土壤气浓度。

3）计算室外空气浓度。

4）测量室外空气浓度。

图 5.3 显示，评估中的每个步骤要么可判断污染没有风险，要么进入流程图中的下一步骤。以下是各步骤的操作原则：

土壤气浓度 C_p 是假设其各相分配（例如，某污染物在土壤气、孔隙水、土壤基质中的分布或偶尔存在的单独污染相）可根据逸度原理进行计算。

土壤污染物分布的计算公式见附录 15 的 3.1 节。

各相分配计算中涉及的参数如下：

- 土壤类型、土壤孔隙度、含水量、颗粒密度、总密度、估算温度和有机物含量。

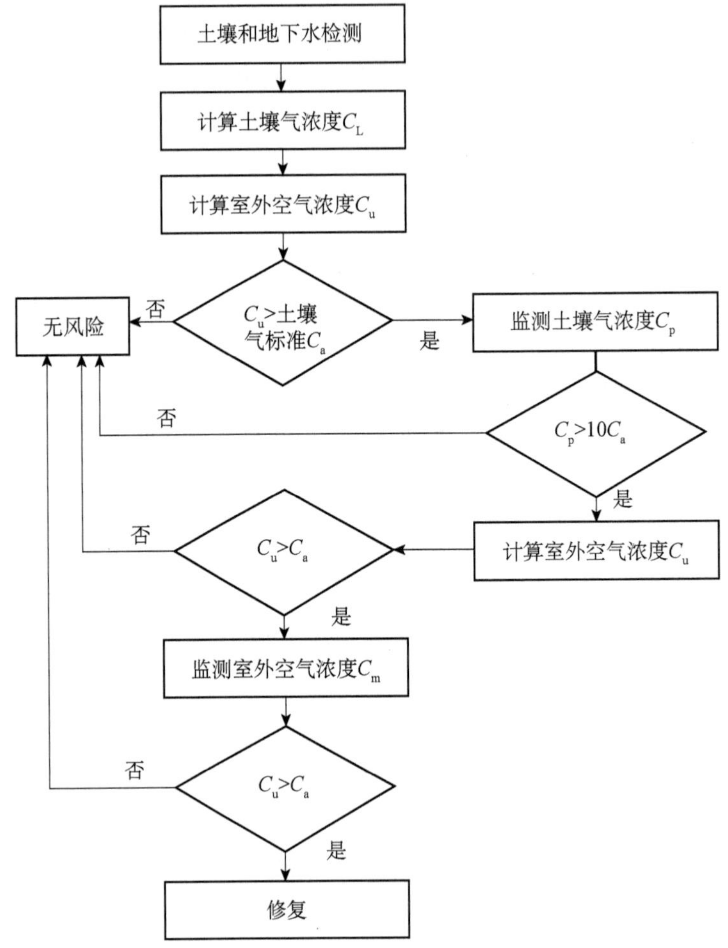

图 5.3　室外空气风险评估流程图

■ 分子质量、土壤含水率、蒸汽压和溶解度。

挥发性物质从土壤中挥发的计算实例见附录 16。

部分物质的相关化学数据见附录 17。有关土壤类型的标准数据见附录 15。

风险评估基于这样一个原则，即土壤挥发至空气的挥发量不可超过土壤气挥发标准 C_a。各种物质的标准限值及推导过程见 6.6 节。

基于丹麦环保署的经验，假如土壤气浓度低于标准的 10 倍，则可认为满足上述原则要求。

实际土壤污染案例中，对于挥发性物质，土壤气的计算浓度往往超出标准至少 10 倍。

因此，计算污染物对室外空气的贡献度确有必要。相关公式见附录 15 的 3.3

节。计算中涉及的参数如下：

- 总孔隙度、含水量、土壤类型、抑制扩散的土壤层厚度。
- 物质的扩散系数。
- 垂直混合高度。
- 风速。

作为最低要求，必须测量土壤类型和抑制扩散的土壤层厚度。总孔隙度和含水量可以基于土壤类型估算。垂直混合高度和风速可采用标准数据。

如果计算得到的室外空气贡献超出了土壤气标准 C_a，则需要进一步监测土壤气或室外空气。

在此模型中，土壤气浓度的计算十分保守。因此，如果计算得到的室外空气浓度超出了标准，则应当开展土壤气浓度实地监测。土壤气中有机气体的监测须根据 4.3.1 节和附录 6 开展。

如果监测显示土壤气实际浓度 C_p 超出标准 10 倍以上，那么无论如何也不能排除污染物对室外空气的影响。接下来应依照上述方法进一步计算室外空气效应。

如果监测显示室外空气浓度 C_u 超过土壤气挥发标准，则可能意味着下方土壤存在污染威胁且需要修复，但交通繁忙的城市地区或工业区也有较高的背景值。因此，在决定修复某特定污染场前，必须考虑升高的室外空气浓度是否确实由土壤或地下水污染造成。这可通过对比临近未污染场地的空气监测结果来完成。

5.3.2 室内空气

与室外空气类似（5.3.1 节），住宅或办公建筑的室内空气的风险评估可基于这样一个原则，即室内空气中来自地下的污染挥发量不得超过土壤气挥发标准 C_a（6.6 节）。土壤气挥发标准 C_a 不是室内空气标准，而是限制地下污染物对室内空气的最大允许贡献值。

若作为非敏感用地使用，如生产设备，有其他标准用于限定生产过程中污染物的允许挥发量。

图 5.4 是室内空气风险评估流程图。

以土壤和地下水样品的分析结果为基础，包括以下四个步骤：

1）计算土壤气浓度和挥发入空气的量。

2）测量土壤气浓度。

3）计算对室内空气的贡献。

4）测量室内空气。

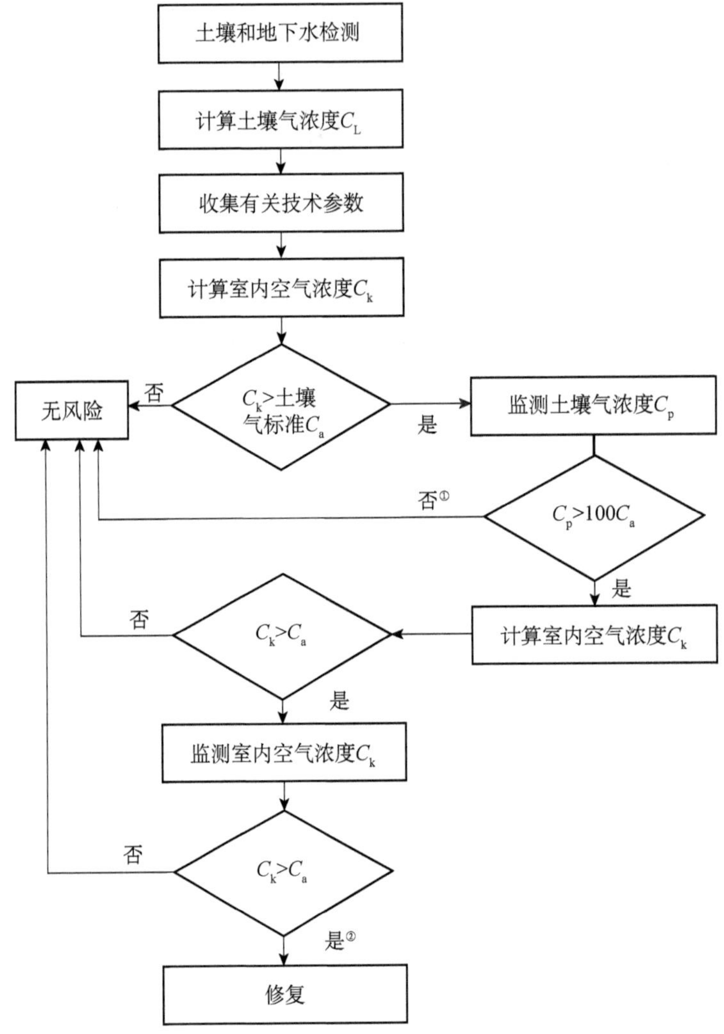

图 5.4　室内空气风险评估流程图

注：①假设混凝土楼板无肉眼可见的裂缝；②假设污染源为土壤或地下水

如图 5.4 所示，评估中的每个步骤要么可判断污染没有风险，要么进入流程图中的下一步骤。下面是各步骤的操作原则：

土壤气浓度 C_L 的计算与室外风险评估模型的第一步相同。细节可参考 5.3.1 节。

丹麦的住宅和办公楼大多使用含有混凝土层的楼板，住宅楼、办公楼分别以约 0.3 次/h、2.0 次/ h 的频率进行被动式通风。

据此，可按稀释倍数 100 来保守估计土壤气对室内空气的浓度贡献。

如果计算得到的土壤气浓度 C_L 低于土壤气标准的 100 倍，则可认为地下污染不存在威胁。削减因子 100 是基于以上建筑条件进行保守估计的，因此它不适用于具有木质地板或有较大可见裂纹的混凝土楼板的建筑。

为保障公众安全，土壤气浓度的模型计算十分保守。只有当挥发性物质的计算结果高于标准至少 100 倍，才意味着需要进一步计算其对室内空气的贡献。

由于土壤气浓度的计算相对保守，实际操作中，通常从监测土壤气浓度开始，这样最为便捷（4.3.1 节和附录 6）。然后再计算对室内空气的贡献或实际监测室内空气浓度。

如果实际监测得到的地下土壤气浓度 $C_{p'}$高出标准 100 多倍，则无法排除其对室内空气的影响。

计算土壤气浓度时，也须计算其对室内空气的贡献；同样，如果监测得到的土壤气浓度超出土壤气标准 100 倍以上，也须计算贡献度。

为了更好地计算土壤气对室内空气浓度的贡献，必须关注建筑的技术细节。

混凝土可分为四个环境等级：

- 高环境等级（易主动入侵）。
- 中环境等级。
- 低环境等级（可被动入侵）。
- 无环境等级（无钢筋的混凝土）。

污染物经混凝土的扩散过程主要取决于混凝土的环境等级和材料的孔隙度[14]；而对流过程则主要取决于钢筋。

在这些计算中，Radon 导则[15]中的钢筋混凝土地板和无钢筋的混凝土地板之间存在差异。

建筑的技术细节信息可从原始建筑设计和介绍中获得，也可通过现场测量获得。空气交换的测量方法和裂缝的测量方法可参照国家住房和建设署的出版物[7，8]。

当考虑钢筋混凝土地板时，后续计算会涉及大量参数。但不太可能收集到全部信息。而这些参数的重要程度不同，见表 5.2。

测量混凝土厚度是最低要求。对于混凝土使用时长，风险评估中一般将其定为 20 年。然而，当需要对比实际监测浓度和计算的污染浓度时，则需要使用实际使用时长。对于较老的混凝土覆盖层，其混凝土浇筑凝结时的空气湿度少有记录；但对新的混凝土覆盖层而言，则有可能找到相关记录。

对于无钢筋的混凝土层，可从混凝土厚度、天花板高度、空气交换率、房屋面积及裂缝的长宽等方面收集信息。

表 5.2　钢筋混凝土地板相关参数

重要性高	混凝土厚度 混凝土使用时长 混凝土浇筑凝结时的空气湿度
重要性较高	混凝土层压差 与天花板距离 建筑内空气交换率
重要性低	混凝土中的钢筋 混凝土水泥含量 混凝土的含水率和含水泥率

计算一种污染物对室内空气的贡献时，需要考虑扩散贡献和对流贡献。计算扩散浓度对室内空气贡献的公式见附录 15 的 3.4 节。

计算所需参数包括：

- 楼板抑制扩散层的材料常数和厚度。
- 通风房间的天花板高度和空气交换率，以及出现通风时的孔隙度。
- 建筑的建造年代和楼板的年限。

钢筋混凝土地板中的对流对室内空气贡献的计算公式见附录 15 的 3.5 节。

计算参数概述可参考表 5.2，混凝土覆盖层和建筑的标准数据可参照附录 15 的附表 15.2 和附表 15.3。

附录 16 还提供了计算扩散和对流贡献的示例。

如果室内空气的计算浓度 C_i（扩散和对流贡献的总和）超过了土壤气标准，则可进一步监测室内空气质量，或者通过使用土壤气的实际监测浓度来提高计算的可靠性。

室内空气的监测可根据国家住房和建设署出台的导则实施[7]。

大量挥发性有机物可能对丹麦建筑的背景值有贡献。有关背景值的信息可参考 Nielsen 等的研究[16]，更多信息可查询国家住房和建设署的报告[17]。

仅仅通过测量室内空气浓度 C_i 来评估地下污染物的浓度贡献是否超标仍较为困难。

在做出开始实施修复的决策之前，必须明确室内空气浓度是否是由于土壤或地下水中的污染物而超出限值。

测量得到的室内空气浓度必须和背景值的中位数做比较，同时彻底调查建筑材料、家装、休闲活动或吸烟等可能对室内空气造成的额外贡献。

5.3.3 填埋气

曾作为填埋场的场地可能存在以下问题：

- 过高的沼气含量可能会对建筑、填埋场中的空穴或附近区域造成爆炸风险。
- 由于过去填埋时未进行充分覆盖，污染物（通常为重金属）会存在于表层土层中。
- 渗滤液中含有很多不同的污染物，可能污染地下水和地表水。

后两种情况可按 5.2 节和 5.4 节所述进行评估，爆炸风险评估在本节单独阐述。

在可生物降解废弃物的填埋场地，具有产生填埋气的潜在风险。属于这一类别的废弃物包括生活垃圾、园艺垃圾、商业和工业垃圾、屠宰场废物垃圾和废弃木料等。

土壤、混凝土、拆迁碎石、大块沥青和类似垃圾的处置不会造成填埋气的增加。

风险评估中的重要工作是鉴别填埋场地中的产气区域，具体原则如图 5.5 所示。

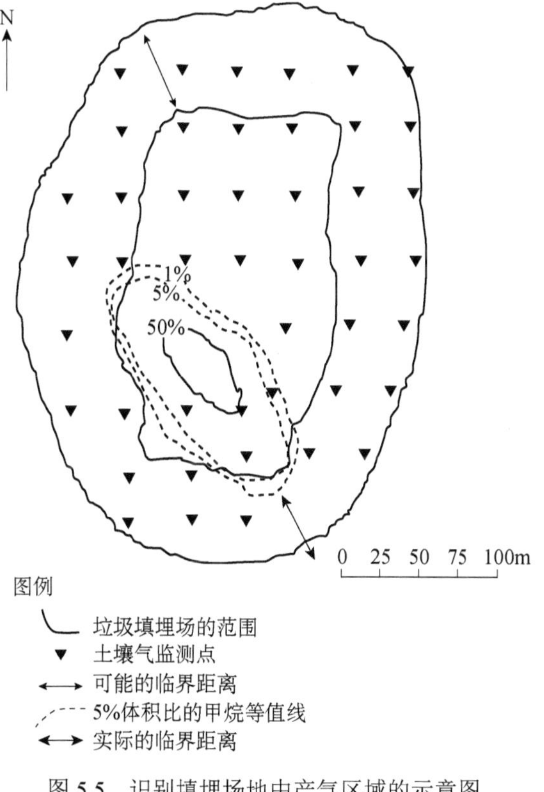

图 5.5 识别填埋场地中产气区域的示意图

图 5.5 阐述了基于填埋气监测结果的评估原理。调查方法详见图 4.1 及 4.3.2 节中的相关内容。

基于监测结果，图 5.5 中显示的是浓度为 50%、5%和 1%（体积比）的甲烷的等值线。产气区即为土壤气中甲烷气体含量超过 1%（体积比）的区域。填埋气排放的实际风险距离需要根据 1%体积比的等值线确定。

填埋场地的产气量会随时间减少。除了已过去的时间外，填埋气源强取决于很多其他因素。最重要的是废弃物的组成和数量。附录 13 为估算产气率和潜在剩余气体排放（源项）的经验计算模型。

应基于源项和建筑物的建造技术信息，评估由气体进入临界区域建筑所带来的爆炸风险。

位于产气区域以内和之外的建筑物间存在区别。

当建筑物位于产气区域以内时，可参考 5.3.2 节计算扩散和对流过程对室内空气的贡献。

此处，必须设定建筑下方土壤气“最不利情形下的超压”状况。填埋气的超压测量值区间见附录 14。附表 14.1 中还有关于不同类型土壤透气性和透气孔隙度的经验值，以及空气、甲烷和二氧化碳的动态黏滞度。

当建筑物位于产气区域之外时，风险评估应基于最不利情形，如可加剧地表密闭度的持续冰冻天气或降雨等。

对于位于产气区域一定距离范围内的建筑物，可用附录 14 中的对流模型来计算衰减因数，即建筑物内室内空气浓度与填埋场地土壤气含量间的平衡关系（稀释因子）。

此外，需要计算达到气压梯度和平衡浓度所需的时间。

甲烷在室内空气的浓度不应超过 1%（体积比），这也是瓦斯监控设备的预警水平。除评估有关超过预警水平的情况外，还应评估最不利情形实际是否存在风险。后者可基于附录 13 的残余气体潜能和附录 14 中计算建立平衡所需时间的公式（附 14.3）来操作。

5.4 地下水

5.4.1 地下水风险评估概论

风险评估的目的是评价土壤污染或局部地下水污染对重要地下水源的影响程度。

开展风险评估和必要的修复后，应确保地下水资源保持纯净，即符合地下水标准。因此，最终目的是保障供水井选址不受限制，且所取到的地下水清洁、安全。这也确保了地下水流向受纳水体时也保持清洁。

丹麦地下水质量标准的设置原则是确保地下水经过普通、传统水处理方法处理后即可作为饮用水。

风险评估启动之前，需要收集土壤和地下水的相关数据。数据是风险评估的基础，需要在调查阶段整理完成。一些实测参数即使在很小的距离范围内也可能有所不同，还有一些参数较难测量。因此，往往需要使用到区域性数据或文献数据。

任何风险评估都应基于预防原则。换句话说，应选择保守的数据和数值，即有利于确保公众安全的原则。实际上，这意味着当使用估计的参数时，参数是区域性的而不是本地的，或者当参数因为其他原因而存在争议时，计算应更为保守。污染场地可用的实际数据信息越多，则估计的保守程度越低。预防原则可能导致污染风险被高估，但这样有利于保护地下水。

总之，需要识别土壤和局部地下水的污染特征，以明确其对地下水源的潜在影响。

风险评估要求整个地下水区域中最大（污染）浓度值也必须符合标准。

如果污染物是自然产生的物质，如金属元素，那么自然背景也需要考虑在风险评估内。这就意味着来自土壤的污染物必须要更少，才能确保符合地下水质量标准要求。

若对特定场地进行风险评估时，还存在另外一块场地的人为外来物质污染源，那么这部分浓度贡献不应考虑。其他来源的外来物质污染通常也不在风险评估的考虑范围内。

风险评估不能简单地因为含水层已被污染而放宽要求。即使含水层已被严重污染且不再适合抽出使用，也不能因此而要求新增污染不执行地下水质量标准。

风险评估的目的是评估特定的土壤污染（或局部地下水污染）是否会影响地下水资源，以及这种污染影响是短期还是长期的。

应当注意的是，本导则中的地下水质量标准是独立于土壤质量标准的。这是因为符合土壤质量标准并不意味着一定符合地下水质量标准（反之亦然），参见6.6节。

开展地下水风险评估时，其背景往往是已调查明确了土壤污染状况，但尚未明确对主要地下水水源的影响。

未查明地下水水源受污染的原因可能是调查根本没有涉及地下水，因而还不能确定地下水实际上是否已被污染。也存在其他一些原因，如高污染的地下水区域内缺乏钻井，或者钻探工作有扩大地下水污染的风险。

同时，向下钻井可能显示无污染或极低程度的污染。仅基于此，还不足以排除地下水有受到污染的风险。可能监测井尚未到达最重的污染源，或者井没有布设在污染羽范围内。因为现实工作中，很难确定下部污染羽的位置。

土壤污染风险评估的结论往往要求开展补充调查，这将成为修复决策前更系统的风险评估的工作基础。同理，地下水含水层的风险评估也类似[①]。

5.4.1.1 相关定义

从污染源中淋滤出的污染物被定义为源项，用通量（单位为 kg/a）来表征。源项随着时间、地点的变化而不同。

源项是从污染源释放到孔隙水中的最大污染浓度（随时间和地点变化）。

源项的污染物浓度按如下原则测定：

- 测定位于污染土壤正下方的不饱和区孔隙水的污染浓度，如管道或坑槽。
- 利用污染物的最大溶解度。
- 要求了解污染物质量的大小。在任何情况下，最大溶解度一般仅用于估计源项浓度。
- 在许多情况下，只有土壤（或土壤气）中的污染物浓度是已知的。此时源项浓度可按土壤、水和空气各相间的平衡假设（逸度原则）进行计算，如附录 15 所述。

源项浓度的计算示例见附录 21。

突然释放是指持续时间短的污染脉冲。在不饱和区，储存桶破裂就是一个突然释放的例子。

连续释放是指一个由大质量的污染（理论上是无限的质量）所产生的一个连续的污染流。垃圾填埋场、明显的土壤污染源，或者一个定期补给的漏罐，都属于连续释放。

应注意的是，不饱和区发生的突然释放常会被认为是地下水饱和区域的连续释放污染源。举个例子：一个破裂的储油箱可能会导致油突然释放到不饱和区，但是污染渗流到地下水饱和区域往往需要很长的时间。孔隙水中油类污染物的溶解也较缓慢，通常石油从这样一个破裂的储油箱渗透到地下水饱和区域会需要几十年的时间。因此，破裂的储油箱中的石油污染物淋滤到地下水饱和区域的过程，须被视为一个连续的释放过程。

---

① 地下水风险评估的相关公式及案例见附录 18～21。——译者注

5.4.1.2 评估原则

原生含水层是更大的，具有重要区域价值的互相关联的含水层，并且可以抽取使用。在泽西岛的大部分区域，主要含水层通常局限在石灰岩中；而在日德兰半岛，相当数量的含水层都赋存在融水沙中。

从地下水抽取的角度来看，次要含水层（如潜水层）不重要，它比主要含水层浅，并且往往是不受限的。在进行污染传输分析和风险评估时，若发现污染能从次要含水层传输到主要含水层或者受纳水体，或是次要含水层也可用于供水，那么它将被视为与主要含水层同等重要。

如果污染物的浓度超过其最大溶解度，那么将出现单独的一相，即非水相液体（non-aqueous phase liquid，NAPL）。

如果通过污染物浓度调查发现存在非水相液体，那么这将始终是一个风险源，最低要求也应该是把它清除。风险评估仅针对溶解的那部分污染物。

当污染物浓度非常高时，污染羽和周边纯净的地下水间会存在很大的密度差异，并直接影响地下水的流动方向，也就是术语所指的密度流。密度流已被观测所证实，如非水相液体的流动和垃圾渗滤液的流动。

下面的逐步风险评估方法不适用于通过密度流扩散的污染物。

如果通过逐步风险评估最终计算出的浓度超过了地下水质量标准，则认为存在地下水污染的风险。

主要含水层的污染若由特定的土壤污染或次要含水层的污染引起，则其浓度大小受许多因地而异的因素的影响。其中最为重要的因素如下：

■ 污染情景，即物质类型（迁移性、降解和其他物质特性），以及污染物浓度和面积。

■ 地质和水文地质条件，即沉积物类型（黏土/砂石/石灰岩、有机物含量、水力传导率、有效孔隙度）、净降水/地下水补给、地下水水力梯度、含水层间的压力梯度，以及氧化还原条件。

以下过程发生在不饱和区或者饱和区，并会导致主要地下水含水层中的污染物浓度降低。

■ 吸附：这种效应与突然释放关系密切。在较大规模的，连续污染释放的情况下，污染场地周边的土壤吸附能力将逐渐下降。

在下面所描述的风险评估中，仅在饱和区中考虑吸附过程（5.4.2.3 节的风险评估步骤 3）。

■ 扩散：作为一个直接过程，对饱和区的影响最大。因为不饱和区中流速相对较低，为 0.25～2m/a，而饱和区的典型孔隙水流动速度是 10～1000m/a。

在下述风险评估中，仅在饱和区中考虑扩散过程。

作为一种间接过程时，扩散对通过不饱和区的传输时间有着重要影响。因为去除污染物的主要机制是生物降解，时间是关键因素，扩散对污染去除效果起间接作用。

■ 自然降解：对于饱和区和不饱和区同样重要，但是仅包含在饱和区的风险评估中。

附录 20 列出了一阶降解常数，被认为是代表了丹麦自然条件下的降解状况。

在实践中，定位地下水污染羽往往很困难（即使仅在污染源下方几十米），这使得监测饱和区的降解过程也十分困难。

不饱和区的一阶降解常数尚未公开，成熟的降解过程监测方法也比较缺乏。

5.4.2 逐步风险评估法

下面将阐述土壤污染的逐步风险评估程序，它与地下水含水层相关联。逐步风险评估法在所需的污染场地数据量和模型的复杂度之间进行平衡。数据少时应用简单的模型，数据多时可应用更高级的模型。

相较于其他步骤，步骤 1 即使在使用相同数据的情况下，也将产生一个更保守的结果。

逐步风险评估法如图 5.6 所示。步骤 1 和步骤 2 较为保守和简单，即使仅有少量污染场地数据时也可以使用。步骤 1 是近源混合模型，用于计算不饱和区淋滤出的污染物进入地下水上部 0.25m 范围内的混合过程。步骤 2 和步骤 3 用于分析距污染源更远距离的污染程度。步骤 2 是一个混合模型，基于弥散度、孔隙水流速、混合时间等计算混合层厚度（d_m）。步骤 3 与步骤 2 类似，也是一个混合模型，但计算过程中考虑了饱和区中吸附、扩散和降解等对污染物浓度的削减作用。

步骤 3 的风险评估将吸附、降解考虑在内。然而，无法确定混合物的降解常数或吸附系数，如发动机机油或汽油。因此，混合物的计算不考虑吸附和降解的影响。但对于混合物中某些环境有害物质的计算，则需要考虑吸附和降解，如混合物中降解最慢的物质、地下水质量标准最低的物质、吸附常数最小的物质等。污染物浓度是从混合物中挑选环境有害物质的重要影响因素，因而没有针对筛选过程的普适性规定。

逐步风险评估法的实例参见附录 19。

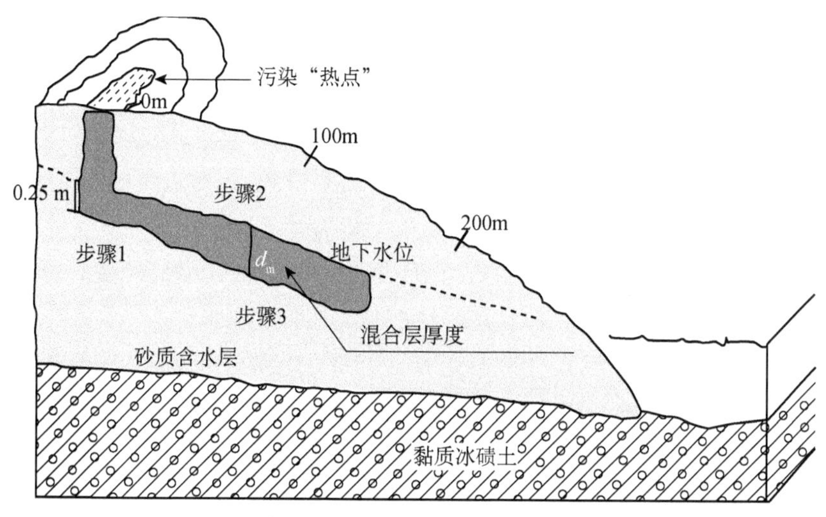

图 5.6　风险分析示意图

注：步骤 1，含水层上部 0.25m 处的混合；步骤 2，饱和区中的扩散；步骤 3，饱和区中的扩散、吸附和降解

5.4.2.1　步骤 1：近源混合模型

近源风险评估计算的是污染区域正下方的地下水污染浓度。

采用较为保守的计算方式，假定不饱和区底部的孔隙水存在污染，其浓度等同于源浓度。在此之后，假定污染物在含水层上部的 0.25m 范围内进行混合（如果含水层厚度小于 0.25m，则使用实际厚度）。

步骤 1 的风险评估没有考虑到吸附、扩散和降解作用，它假定含水层是均一和各向同性的。

当认为含水层上部的污染物达到质量平衡时，才能得到地下水中污染物含量的计算结果。上部含水层中的污染物浓度 C_1 按如下公式计算（附录 18）：

$$C_1 = \frac{A \cdot N \cdot C_0 + B \cdot 0.25 \cdot k \cdot i \cdot C_g}{A \cdot N + B \cdot 0.25 \cdot k \cdot i}$$

式中，C_0 是源浓度［ML^{-3}］；C_g 是地下水中污染物的天然背景含量［ML^{-3}］；A 是受污染区域的面积［L^2］；N 是净入渗量［LT^{-1}］；B 是污染区域的宽度（与地下水的流动方向有关）［L］；k 是含水层的水力传导系数［LT^{-1}］；i 是水力梯度［无量纲］。

相应的风险评估实例见附录 19。有关标准数据的示例，包括水力传导系数 k 的典型值，见附录 20。

也可直接通过筛管在含水层顶部（长度为 0.25m）采集地下水样品，经检测分析获得饱和区上部 0.25m 处的污染物浓度。风险评估应当采用最高的检测浓度值。

当使用实测浓度数据时，要对是否涉及突然释放型（有的已经停止）或连续释放型（或长期存在的释放）污染做出判断，二者都会对地下水含水层造成污染。如果要实测地下水，则要求地下水已经达到最大污染浓度，并且不饱和区中也没有正在向下继续迁移、可能导致地下水浓度增高的污染。

必须了解清楚当地的地质条件，以便将监测井设置在最佳位置。井的选址应避开倾斜地层或不透水层，否则可能导致一部分污染物因迁移而远离监测井。

需要指出的是，若设置一个筛管长 0.25m 的监测井，需要精确掌握地下水位，否则无法准确放置。在实践中，这意味着必须要测量现有井的地下水位。筛管仅 0.25m 长的监测井对水位的变化非常敏感。因此，这样的井仅适用于源项计算，而在后续的监测中通常不起作用。

如果采样流量很低，不会形成明显的下降漏斗，则也可以使用开筛长度大于 0.25m 的筛管来测量含水层上部的污染物浓度。

如果使用了开筛长度大于 0.25m 的筛管，则含水层上部 0.25m 的污染物浓度 C_1 的计算公式为

$$C_1=C_{1,\text{meas}}\cdot l/0.25$$

式中，$C_{1,\text{meas}}$ 是测得的污染物浓度［ML^{-3}］；l 是有效的开筛长度（以 m 计）。

在浓度 C_1 的计算公式中，假定对于整个污染区域来说，污染源处的浓度 C_0 是恒定的。

当然，通过环境调查，也可将受污染的区域进一步划分为具有不同源强的若干子区域。

对于大面积的污染，遵循地下水最大浓度值必须符合质量标准这一原则，相关计算可集中于污染的中心区域。

计算所涉及的全部参数都是线性的，即不同参数值的不确定性的影响相同。

最大的不确定性往往来自水力传导系数和源项浓度。

净入渗量（附录 20，常使用区域推荐值）和水力梯度（可通过区域等水位线图获取，或在调查阶段确定，但注意线性插值等插值方法会影响结果）的确定过程也存在一定的不确定性。

污染区域的面积和宽度等参数的不确定性最小。

5.4.2.2　步骤 2：顺梯度混合模型

首先，假定不饱和区底部孔隙水的污染浓度与污染源相同。然后，假设污染物在含水层上部发生混合，据此进行计算。

距污染源一定距离外的污染物浓度计算与年地下水流动（根据地下水流速计算，最大可达 100m）相关。计算得到的该污染物浓度值必须满足地下水质量标准的要求。

饱和区中的混合层厚度 d_m 按如下公式计算（附录 18）：

$$d_m=(72/900\cdot a_L\cdot v_p\cdot t)^{-0.5}$$

式中，a_L 是纵向弥散系数［L］；v_p 是孔隙水流速［LT^{-1}］；t 是地下水流动时间，最大值为 1 年，理论模型边界距离为 1 年的流动距离。

如果含水层的实际厚度小于 0.25m，则直接使用实际厚度值。

含水层上部的污染物浓度 C_2 按如下公式计算（附录 18），与步骤 1 中风险评估的计算类似。

$$C_2=\frac{A\cdot N\cdot C_0+B\cdot d_m\cdot i\cdot C_g}{A\cdot N+B\cdot d_m\cdot k\cdot i}$$

式中，C_0 是源浓度［ML^{-3}］；C_g 是地下水中污染物的天然背景含量［ML^{-3}］；A 是受污染区域的面积［L^2］；N 是净入渗量［LT^{-1}］；B 是污染区域的宽度（与地下水的流动方向有关）［L］；k 是含水层的水力传导系数［LT^{-1}］；i 是水力梯度［无量纲］。

如果对近源模型（步骤 1）中地下水含水层上部 0.25m 范围的污染物浓度 C_1 进行了实测，并依据开筛长度进行了必要的调整，那么该数据可以用于顺梯度污染物浓度 C_2 的简易计算。公式如下：

$$C_2=C_1\cdot(0.25/d_m)$$

式中，C_1 是位于污染源下方的饱和区上部 0.25m 的污染物浓度［ML^{-3}］；d_m 是地下水流动 1 年后的混合层厚度，最大值为 100m。当厚度小于 0.25m 时，d_m 取值为 0.25m。

5.4.2.3 步骤 3：包含扩散、吸附、降解的风险评估

在风险评估的步骤 3 中，地下水中的污染物浓度计算考虑了扩散、吸附和降解作用。步骤 2 的计算结果 C_2 是步骤 3 的计算输入条件，因此可以说步骤 3 是步骤 2 的延续。

步骤 2 计算出了距污染源一定距离处的污染物浓度值，该值与地下水在 1 年时间内的流动距离有关（根据孔隙水流速进行计算，最大值为 100m）。相应的污染物浓度计算值也必须满足地下水质量标准的要求。

步骤 1 和步骤 2 中的风险评估较为保守。步骤 3 的风险评估不会那么保守。当计算过程考虑降解效应时，还应进行实测。

此时，假设饱和区中的地下水流速是均质化和各向同性的。降解和垂向扩散被纳入考虑范围。其中，降解为一阶降解。相应的计算可采用不过于保守的典型一阶降解常数。

步骤 3 的风险评估需要充分了解当地地质和水文地质条件，以在污染迁移路径下游及污染羽的最佳位置处（包括纵向和横向上）设置监测井和采集样品。此外，还假定已通过污染调查发现具备污染物降解所需的氧化还原条件。因此，也就认为污染物中没有超标的难生物降解成分（如汽油污染中的甲基叔丁基醚）。在理论计算时，降解副产物的浓度也要符合地下水质量标准的要求。

完成以上假设后，采用相应氧化还原区的典型一阶降解常数来开展后续风险评估计算。将步骤 2 获得的计算结果作为现阶段计算的初始点。若评估结果显示，在已考虑自然衰减的情况下，污染物浓度仍然超标，则表明存在风险。当通过补充调查获得了新的场地信息后，可以开展新的风险评估工作。

同时，如果评估显示地下水污染物浓度达标，可以开展监测，核对降解和氧化还原条件是否与预期相同。此外，实测工作也能为计算局地的实际降解常数提供支撑。

基于一级降解，计算出降解后的污染物浓度 C_3，公式如下[18]：

$$C_3 = C_2 \cdot \exp(-k_1 \cdot t)$$

式中，C_2 是步骤 2 中顺梯度混合模型的污染物浓度计算结果［ML^{-3}］；k_1 是饱和区的一阶降解常数［T^{-1}］；t 是降解时间［T］。

考虑吸附作用是为了更好地评估污染物降解的时间长度。假定污染物以 V_s 的速度传输至理论计算点。公式如下：

$$V_s = V_p / R, \quad R > 1$$

吸附会导致污染物需要更长的时间才能到达理论计算点，也就意味着污染物的降解时间也更长了。

R 代表滞流系数，定义见附录 18。它取决于土壤容积密度、有机质含量和辛醇/水分配系数。

有关风险评估各步骤计算所涉及参数的概要，见表 5.3。

表 5.3　风险评估步骤 1～3 所涉及的计算参数

计算参数	需用到计算参数的步骤				
孔隙水中的污染物实测浓度	1a	1b	2a	2b	
空气的相对体积 V_l		1b		2b	
水的相对体积 V_v（等于水的饱和孔隙度 e_w）		1b		2b	3

续表

计算参数	需用到计算参数的步骤								
土壤的相对体积 V_i		1b				2b			
土壤温度 T		1b				2b			
土的颗粒密度 d		1b				2b			
土壤中污染物浓度 C_T		1b				2b			
土壤密度 ρ		1b				2b			3
土壤中有机质含量 f_{oc}		1b				2b			3
污染物的分压 P		1b				2b			
污染物的分子质量 m		1b				2b			
理想气体常数 R		1b				2b			
污染物在水中的溶解度 S		1b	1c			2b	2c		
辛醇/水分配系数 K_{ow}									3
纵向弥散度 α_L					2a	2b	2c	2d	
净入渗量 N	1a	1b	1c		2a	2b	2c		
渗透系数 k	1a	1b	1c		2a	2b	2c	2d	
水力梯度 i	1a	1b	1c		2a	2b	2c	2d	
污染面积 A	1a	1b	1c		2a	2b	2c		
污染区域的宽度 B	1a	1b	1c		2a	2b	2c		
有效孔隙度 e_{eff}					2a	2b	2c	2d	
饱和区的一阶降解常数 k_1									3
地下水中污染物的自然背景含量 C_q	1a	1b	1c		2a	2b	2c		
含水层上部的实测污染物浓度 C_{meas}				1d				2d	
有效筛管长度 l				1d				2d	

注：a～d 代表含水层上部污染物浓度的确定方法；a：使用实测的孔隙水浓度来确定污染源浓度；b：根据逸度原理来确定污染源浓度；c：将源浓度设定为与溶解度相等；d：实测含水层上部的污染物浓度

当考虑了降解作用时，一级降解常数和降解时间则成为影响污染物浓度结果的最敏感因子。这是由于这两个参数以指数的形式参与运算，而如降水量、含水层上部 0.25m 的实测污染物浓度等参数仅以线性形式参与运算。一级降解常数（降解时间）的一个微小变化都会引起污染物浓度的大幅变化。

氧化还原过程决定了物质能否降解及如何降解[13, 18]。各类氧化还原过程在能量方面存在较大差异。因此，可以对它们进行热动力排序。先是产能最高的好氧反应，再是厌氧反应，最后是产能最低的产甲烷反应。

在饱和区的重污染区下游可观测到氧化还原反应顺序的变化状况。还原条件最强（如产甲烷条件）的地方出现在离污染源头最近之处，其有机物浓度最高。

而氧化条件（好氧或硝酸盐还原条件）则出现在污染羽的边缘，其有机物浓度低。

可见，有必要对氧化还原条件做一定程度的了解，以科学地选择相应的降解常数。

当地下水中氧的浓度大于 1mg/L 时，则为好氧条件。然而各类厌氧反应区的界定较为模糊，通常有以下特征：

- 在厌氧区，氢（H_2）含量会增高。
- 在硝酸盐还原区，硝酸盐（NO_3^-）浓度降低。
- 在铁还原区，三价铁浓度降低，二价铁浓度增高。
- 在硫酸盐还原区，硫酸盐浓度降低。
- 在产甲烷区，可发现有甲烷生成。

丹麦环保署已根据本国特征，整理形成一阶降解常数表，为技术性项目提供基础数据[18]。

当缺乏某些氧化还原条件下的降解常数时，可查找公开报道的文献数据，但数值可能有较大差异。

对于苯系物、有机氯溶剂、苯酚等少量污染物，有较充足的数据来获取典型一阶降解常数，具体可见附录 20。

步骤 3 中的风险评估并不过于保守。如果评估结果表明，由于自然衰减而使地下水污染物浓度达标，则建议通过实测进一步确认实际浓度确未超标。此外，实测工作也能确认场地的实际氧化还原条件，并为测算当地的降解常数提供数据支撑。

为做好实测工作，需要将监测井布设在污染流动方向的下游，因而制作污染范围和地下水流动的相关图件就显得十分重要。

监测井的具体位置、数量、分析参数、监测周期等的确定取决于污染物成分和水力条件，必须做到具体情况具体分析。环境调查阶段设置的钻井有时也可用作场地监测。

实际降解情况的记录和整理方法见相关文献[18-20]。使用这些方法时，还要开展一些化学分析，以为仅使用了简易混合模型的风险评估工作提供局地典型数据作为补充。此外，还需分析污染物含量和可能的降解产物。通过野外测量和检测分析来获取可反映氧化还原条件的相关信息。

关于如何测定苯的降解情况的示例，见附录 19。

至少需要沿水流方向布设 3 口监测井（不包括用于判断地下水流向和污染范围的监测井），如图 5.7 所示。作为最低要求，3 年内每年至少开展 2 次监测工作。

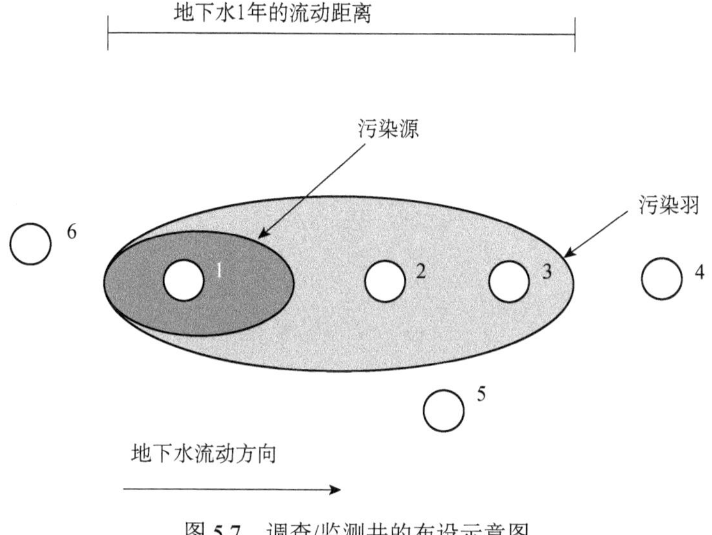

图 5.7 调查/监测井的布设示意图

注：数字代表点位

值得注意的是，监测井应设置在相对靠近污染源的地方（不超出地下水 1 年的流动距离），这样更有可能将监测井合理地布设在污染羽的合适位置处。

如果在计算的污染羽范围之外（上游或侧面）或者地下水 1 年的流动距离之外，观测到地下水超标情况，则必须根据最新数据开展新的风险分析工作，或者直接做出环境污染会对地下水资源造成风险的结论。

如果发现降解过程慢于预期，则应使用场地的实际降解常数进行新的风险评估。

当要使用实测数据来确定场地的实际降解速率时，则须根据吸附、扩散和稀释效应，对污染物浓度的监测数据进行校正。可通过比较目标污染物与稳定性物质（示踪剂）之间，或比较污染物中易降解成分与难降解成分之间的浓度变化差异来实现。

将污染物中的不降解物质当作示踪剂是一种简便方法。如果使用降解慢的物质作为示踪剂，那么将会得到较为保守的降解常数值。

使用不降解有机化合物作为示踪剂的方法见附录 18。将降解慢的有机化合物作为示踪剂的示例见附录 19。

5.4.2.4 步骤 4：数值计算模型

目前有大量适用于不同计算条件和数据基础的计算机模型。了解这些模型的计算条件（计算公式）十分重要，因为这决定了后续计算工作所需的假设前提。

这些基于计算机的数值计算模型的优势在于其具备数值计算能力，可处理大量数据。

数值计算模型可运行使用多个水平分层的数据，并处理不同属性的横向变化。

然而，为获取更好的计算结果，通常需要大量基础数据。因此，使用数值计算模型进行风险评估，往往花费较高、耗时较长。

5.5 地表受纳水体

污染场地的地下水排泄及特殊情况下的地表径流可能会对溪流、湖泊、沿海区域等造成不利影响。基于与地下水污染评估相同的原则，计算地表水体受到的不利影响。

郡议会起草的《地表受纳水体质量计划》明确了有关地表水质量的总体要求。郡议会根据不同水体的使用功能，制定了相应的排放限值，以确保污染排放至少能满足法律法规的相关要求[21-26]。

由于迁移性、物理、化学及生物条件的不同，对地下水含水层有关键影响的参数不同于对地表受纳水体有关键影响的参数。例如，小的烃类污染泄漏不会对保护良好的含水层造成影响，但哪怕是极少量的石油污染却能通过地表径流对附近的池塘造成严重破坏。

污染场地内的地表水流入受纳水体的情形包括：

- 地表受纳水体紧临污染场地。
- 具备地表水流动所需要的地形和径流条件。

正常情况下的地表径流污染主要来自上层土壤中的污染物。因此，需要分析上层土壤样品，进而开展相应的评估工作。

通常，很难确定地表径流对受纳水体的影响范围。

当地下水从场地向受纳水体流动时，受纳水体会因污染地下水的排泄而受到污染。如果受纳水体高于场地，则不会存在这一风险。

6 环境质量标准

6.1 背景与目的

近年，丹麦环保署针对多种化学物质，制定并公布了一系列相关标准[10, 11, 27-33]。

本章旨在对土壤、空气和地下水的各类标准进行综述，并简要阐述其制定依据及应用范围[①]。

针对土壤、空气、水这三类介质，分别独立制定了相应的环境标准。每一个标准的要求都要满足，才算达标。例如，符合土壤质量标准的要求，并不代表就一定满足其他标准的要求。

需要强调的是，土壤和地下水标准并不能代表风险分析。特定场地的风险分析还应考虑地质条件和土地用途的敏感性。

6.2 土壤质量标准

丹麦环保署针对土壤中的多种化学物质，制定了相应的土壤生态毒理质量标准。

在假定场地可能用作敏感用地的基础上（如私家花园、幼儿园），建立了这些标准。地表以下 1m 内的土壤应符合土壤质量标准，同时参见 5.2.3 节所阐述的原则。除健康因素外，标准还有美学和卫生方面的考虑（如气味、外观、味道）。

作为土壤质量标准的补充或替代，一些物质还有相应的土壤气标准，详见 6.6 节。

大多数的污染评估案例都未考虑生态毒理方面的影响。当前可用的生态毒理质量标准见表 6.1。

对大多数污染物而言，上层土壤的质量标准是以可接受/可容许的日均暴露为

---

① 有关补充说明可参考附录 22 和附录 23。——译者注

基础。如果还有其他来源（如食物、空气）的污染暴露，则执行标准时还要考虑这些来源的影响，确保总暴露剂量不超过可接受/可容许的日均暴露剂量。

表 6.1 列出了高敏感用地的土壤质量标准。为辅助开展风险分析工作（5.1 节），该表还指出质量标准具体数值的确定是基于污染物的急性效应还是慢性效应。如果某浓度数值显著超过土壤质量标准（+100%），则应对绘制高值/“热点”区域范围图的必要性进行评估。

表 6.1 中的部分化学物质因其慢性效应而制定了标准限值，但这并不意味着这些标准限值就是无效应阈值。

此外，表 6.1 中部分有机物质的标准限值为零值。所谓零值是指，当黏土和沙土中（附录 15 中的附表 15.1）的孔隙水浓度不超过地下水质量标准时，经计算得到的相应的土壤浓度值（附录 22）。

表 6.1　高敏感用地的土壤质量标准、生态毒理质量标准、背景值[3]（mg/kg，干重）

物质	土壤质量标准	生态毒理质量标准	背景值
丙酮	8		
砷	20[1 (2)]	10	2～6
苯	1.5[*2]		
苯系物	10[*2]		
镉	0.52	0.3	0.03～0.5
三氯甲烷	50[*2]		
氯酚 五氯苯酚	3[*2] 0.15[*]	0.01 0.005	
总铬 六价铬	500 20	50 2	1.3～23
铜	500[1]	30	13
氰化物 酸可挥发性氰化物	500 10[*2]		
滴滴涕	1		
阴离子洗涤剂	1500[2]	5	
1,2-二溴甲烷	0.02[2]		
1,2-二氯乙烷	1.4[2]		
1,1-二氯乙烯	5[2]		
1,2-二氯乙烯	85[2]		
二氯甲烷	8[2]		
氟化物	20[1]		
总石油烃（C_5～C_{35}）[4]	100		

续表

物质	土壤质量标准	生态毒理质量标准	背景值
铅	40[2]	50	10～40
汞	1	0.1	0.04～0.12
钼	5	2.0	
甲基叔丁基醚	500[2]		
镍	30[1]	10	0.1～50
单硝基苯酚 二硝基苯酚 三硝基苯酚	125[2] 10[2] 30[2]		
总多环芳烃 苯并（a）芘 二苯并（a,h）蒽	1.5[2, 3] 0.1[2] 0.1[2]	1.0 0.1	
汽油（C_5～C_{10}）	25[*]		
汽油（C_9～C_{16}）	25[*]		
总酚类	70[*1]		
总邻苯二甲酸酯 邻苯二甲酸二辛酯	250[2] 25[2]	 1.0	
苯乙烯	40[*2]		
松节油、矿物（C_7～C_{12}）	25[*]		
四氯乙烯	5[*2]		
四氯甲烷	5[*2]		
三氯乙烷	200[2]		
三氯乙烯	5[*2]		
氯乙烯	0.4[*2]		
锌	500	100	10～300

1：基于急性效应；2：基于慢性效应；3：总多环芳烃指荧蒽、苯并（b）荧蒽、苯并（j）荧蒽、苯并（k）荧蒽、苯并（a）芘、二苯并（a,h）蒽、茚并（1,2,3-cd）芘之和；4：C_{35} 以上的烃，参见文献［3］

*土壤气标准的相关表述见表 6.5

6.3 土壤清除标准

根据丹麦环保署制定的《轻度污染区居民行为建议》导则[4]，目前已制定了10 种物质的上层土壤污染清除标准。

对于土地用途敏感的区域，土壤污染一旦超过清除标准值，则有必要完全切断与污染土壤的接触途径，如采取修复或清挖措施。

该导则中还包含一系列人群暴露控制规定，旨在将暴露水平削减至与土壤污染未超标区相同的水平。土壤污染清除标准见表6.2。

表6.2 土壤污染清除标准

物质	须采取污染清除措施时的浓度水平（mg/kg，干重）
砷	20[1]
镉	5[2]
铬	1000
铜	500[1]
铅	400[2]
汞	3
镍	30[1]
锌	1000
多环芳烃	15[2]
苯并（a）芘	1[2]
二苯并（a,h）蒽	1[2]

1：基于急性效应；2：基于慢性效应

如果上层土壤污染未超过清除标准，且不存在高浓度水平的污染团或污染“热点”区，则表明通过系统的调查工作（初始调查、历史调查、土壤样品采样分析），可以证实场地满足导则中相关土壤标准的要求[4]。

鉴于不能排除地表附近的污染对地下水的潜在威胁，因而除上述标准外，还应参考其他标准或开展风险评估，见5.4节。此外，污染物中还不应包含可能挥发至室内或室外空气中的污染物质，见5.3节。

如果大面积的区域仅为轻度污染，浓度未超过清除标准，则有可能出现在低浓度水平上开展修复工作的情况。例如，当工程实施通知已签发时，或修复后的场地利用限制少时（与退出污染场地名录有关）。

6.4 外源土壤标准

外部运来的土壤的可接受污染物残留水平与非扰动土壤的可接受标准间存在差异。

污染场地上挖掘回填的土壤来源复杂，可能来自场地其他区域、场地外部或者是修复过的土壤。对于外源土壤，通常不考虑其用途及填放的深度。因此，对外源土壤的总体要求就是清洁，或者已被清理至满足土壤质量标准的要求。

需要强调的是，向污染土壤中掺加清洁土壤以求达标的做法有违环境保护立法的意图。任何情况下的污染稀释都不可接受，不论是必要的施工挖掘作业，还是同一场地内的土壤混合。

实际工作中，任何外源土壤的使用都必须得到批准。

6.5 地下水质量标准

表 6.3 列出了一些物质的地下水质量标准，它们与《水工工程水井管理规范》[34] 中对正常曝气和过滤的地下水的相关要求一致。该规范中还包含许多其他物质和参数的要求。

为制定基于人群健康考量的质量标准，针对表 6.3 中的多种化学物质，在大量文献检索的基础上，整理形成了相应的数据表单。详见名为“基于毒理效应的土壤和饮用水质量标准”的报告[10]。

表 6.3 污染场地下方地下水的质量标准

物质	地下水质量标准（μg/L）	背景值（μg/L）
丙酮	10	
砷	8	0.1～8*
苯	1	
硼	300	10～300*
乙酸乙酯	10	
镉	0.5	0.005～0.5*
氯化溶剂（非氯乙烯）	1	
三氯甲烷	越低越好	
总铬	25	0.04～10
六价铬	1	
铜	100	0.1～50*
总氰化物	50	
邻苯二甲酸二异辛酯	1	
阴离子洗涤剂	100	
1,2-二溴甲烷	0.01	
乙醚	10	
异丙醇	10	
多环芳烃[1]	0.2	
铅	1	0.1～1*
甲基异丁基酮	10	

续表

物质	地下水质量标准（μg/L）	背景值（μg/L）
甲基叔丁基醚	30	
总矿物油	9	
钼	20	0.2～20
萘	1	
镍	10	0.1～10*
硝基苯酚	0.5	
五氯苯酚	不得检出	
总杀虫剂 杀虫剂 持久性有机氯杀虫剂	0.5 0.1 0.03	
酚类	0.5	
邻苯二甲酸盐（非邻苯二甲酸酯）	10	
苯乙烯	1	
甲苯	5	
氯乙烯	0.2	
二甲苯	5	
锌	100	0.5～10*

注：1：荧蒽、苯并（b）荧蒽、苯并（k）荧蒽、苯并（a）芘、苯并（g,h,i）苝、茚并（1,2,3-cd）芘之和
*表示局部可能存在高于上限值的情况

地下水质量标准是建立在对消费者经水暴露途径进行了系统评价的基础之上。对于作为饮用水的地下水，要求其无论受到过何种影响，但在到达消费端时必须符合饮用水标准。

地下水含水层的物化条件及脆弱性等因素决定了污染物从源头向地下水的扩散，进而影响水质。

主要地下水含水层的水质必须达标。而对于可能造成污染大幅扩散，或可能用作饮用水的小型、上层地下水含水层，也必须符合地下水质量标准。

含水层中的残留污染水平与场地内地下水的影响密切相关，因此，风险评估（5.4 节）的一项重要内容就是确定含水层中地下水污染的可接受水平。

6.6 空气质量标准

在评估污染场地内高挥发性物质对土壤气的影响时，要注意“土壤气标准”和“空气限值”两个术语的差异。具体定义见表 6.4。

表 6.4 空气相关标准的内涵

标准类型	内 涵
土壤气标准	针对污染物挥发而制定的一种空气质量标准。污染物挥发是对空气中相应物质浓度的额外贡献，标准的取值一般与空气限值相同
空气限值	丹麦环保署基于毒理评价结果，确定了基础性的空气限值。 该限制值用于制定污染企业可向大气排放的最大容许值（*B* 值）。此外，也针对挥发至上层空气的物质，用于制定其空气质量标准

目前，许多物质都有了相应的土壤气标准，可用于评估气体挥发对无建筑区域的污染影响，以及对建筑区室内空气的污染影响。

原则上，污染场地中化学物质向上层空气的挥发不应超过土壤气标准。土壤气标准的取值与丹麦环保署制定的空气限值是一致的。

表 6.5 针对污染物向上层空气的挥发效应，列出了相关物质的质量标准。

表 6.5 污染场地污染物挥发（土壤气）的质量标准

物质	污染物挥发的质量标准（mg/m^3）
丙酮	0.4
总芳香烃 C_9～C_{10}	0.03
苯	0.000125
乙酸乙酯	0.1
三氯甲烷	0.02
酸可挥发性氰化物	0.06
二乙醚	1
异丙醇	1
总烃类	0.1
甲基异丁基酮	0.2
甲基叔丁基醚	0.03
萘	0.04
苯酚 甲酚 二甲苯	0.02 0.0001 0.001
总氯酚[1] 五氯苯酚	0.00002 0.000001
硝基苯酚	0.005
苯乙烯	0.1
四氯化碳	0.005
四氯乙烯	0.00025

续表

物质	污染物挥发的质量标准（mg/m³）
甲苯	0.4
三氯乙烯	0.001
氯乙烯	0.00005
二甲苯	0.1

1：氯酚、二氯酚、三氯苯酚、四氯苯酚之和

除表 6.5 中提及的物质以外，还有大量物质已具有空气限值。可按下面四种物质的分类情形，将检索到的空气限值，按规则推算其企业大气排放的最大容许值（*B* 值）。另外，丹麦环保署也常对其制定的空气限值进行修改。

由空气限值推算 *B* 值时，遵循以下规则[27]：

■ 当效应的决定因素仅为总剂量，其实也就是物质的平均浓度时，这类物质的 *B* 值为空气限值的 40 倍。

■ 对于有急性或亚急性效应的物质，其 *B* 值采用空气限值。

■ 对于有异味的物质，其 *B* 值采用空气限值。

■ 对于有瞬时急性效应的物质，其 *B* 值为空气限值的 1/10。

有关确定 *B* 值的基础信息也可参考相关文献［29］。

6.7 质量标准的使用及其局限性

应当注意的是，地下水标准是独立于土壤标准的。即使符合土壤质量标准，也不能直接认为就一定能符合地下水标准。

与地下水标准类似，土壤气标准也独立于土壤标准。符合土壤质量标准时，也不能直接认为就一定能符合土壤气标准。

当然，如果能有一个通用的综合性土壤标准，那对实际工作来说是非常方便的。前提是场地内没有明显的气体挥发和地下水淋滤现象。但目前这是不切合实际的。

有些情况下，需要忽略质量标准。例如，当重金属的自然背景值已经超过土壤质量标准时，那么就不再执行土壤质量标准了。同理，在有的地方，地下水中氯化物和有机物质的自然含量偏高。

7 报　告

将调查结果以一种易于理解的表达方式报告出来十分重要。文本应当简洁明了，并且有总结性的图和表。

7.1 初步采样调查

7.1.1 报告大纲

下面为一个初步调查报告的编写大纲示例：

摘要

目录

附件清单

1. 简介
2. 场地概述
    2.1 历史回顾
    2.2 当前和未来的土地用途
    2.3 地下水抽取情况及周边地表受纳水体
3. 目标和策略
4. 调查范围
5. 地质和水文地质条件
6. 污染调查
    6.1 土壤污染
    6.2 地下水污染
7. 风险评估
8. 结论和建议
9. 参考文献

报告开头需要有摘要。摘要应简单准确地对报告内容做初步描述。摘要中不常出现细节，如数据和具体的污染指数。

报告应分为章、节，并用阿拉伯数字标记。为了保证简洁，避免出现超过三级的标题段落。

报告的第 1 章也应包括附录表。

介绍部分应包括以下场地信息和调查信息：

- 地址。
- 土地编号。
- 污染场地编号，或其他有关登记编号。
- 所有人。
- 调查发起方（客户）。
- 钻井承包商和分析实验室。
- 顾问。
- 工作背景的简要介绍。

第 2 章的场地概述包括以下内容：

- 历史回顾。
- 当前和未来的土地用途。
- 地下水抽取情况及周边地表受纳水体。

第 3 章应陈述调查的目的和选择的策略。依据场地概述和调查目的给出策略选择的理由。

第 4 章明确调查范围。技术细节，如钻孔、取样、地质调查方法等，应归在附件中。

所选的分析程序可在文本中陈述，并可使用表格的形式。如果篇幅过长，可以附件形式附在后面。

第 5 章需根据现有文献和地质图（根据钻孔数据得到的地层图和地下水含水层图）描述区域的水文地质情况。提供相关地质截面图和相关含水层的等水位线图。根据地质条件和等水位线图评估含水层的脆弱性。

根据近地表处的水文地质条件，评估对地表受纳水体质量的风险。

此外，也需要评估对周边场地的潜在影响。

第 6 章描述污染类型、污染浓度及与相关介质质量标准的比较。

化学分析结果作为实验室报告附在附件里。最好是把收集到的结果在文中以表格的形式展现，若过长则作为附件。

对于大量的结果数据，用表格并不能看出总体趋向，很多情况下采用图的形式会更好。

第 7 章应整理相关水文地质信息、污染信息，在此基础上，展示污染场地及其周边的污染评估结果。进行必要的风险评估工作，为补充调查和修复措施的确定提供依据。

第 8 章应提供调查总结和最重要的结论。

7.1.2　图与表

报告中的图和表十分重要，它们有利于读者理解，并能呈现概要信息。如果文本中有较多数据，则建议以更易理解的表来展示。

附录 24 是初步采样调查报告所可能包含的数据。许多情况下，文本中没有足够的空间来展示全部数据，因此放在附件中会更好。

7.1.3　附件

附录 24 罗列了报告中可能包含的附件和图。通过附件的形式进一步补充说明有关信息。

如果附件内容过多，则最好把它们放在不同的报告里。

7.2　补充采样调查

原则上，补充调查报告也应根据初步调查大纲来编写。

但这里不能提供所有补充采样的编写大纲，因为这些调查可能有着不同的目的和内容。

先前调查的相关结果应包含在补充调查报告内。

对全部结果所做的总体评估通常就是风险评估。如果的确存在风险，则调查报告一般还会为修复项目设计提出建议。

8 工程设计

8.1 基础条件

本章对修复工程的基础条件进行概述，同时参考丹麦环保署 1995 年出版的《土壤和地下水污染项目管理手册》[35]。

在修复项目实施前，构建组织架构图、明确职责分工是非常重要的。项目的组织架构中要明确专业职责分工、时限和费用。

除了《环境保护法》和《废物处置法》,《工作健康与安全法令》中的相关章节、建筑条例、车间和工艺设施规范、说明等众多规范和指南也将适用于修复项目，其中最为重要的是《土壤和地下水污染项目管理手册》[35]。

修复项目的实施须获得地方主管部门和政府的相应许可。需从地方政府获得的许可如下：

- 排入雨水系统和受纳水体。
- 地下水抽取（为了地下水抽出处理）。
- 建立处理车间。
- 建立填埋区。
- 构筑围墙（非城市区域）。

从当地主管部门获得的许可如下：

- 废气排放。
- 污水排入下水道。
- 挖掘作业。
- 构筑物拆除。
- 下水道拆解。
- 构筑围墙（城市区域）。

当地政府必须指定废弃物和污染土壤的填埋/处理设施。

如果土地用途发生变化或在污染场地上新建建筑物，可能把修复项目和建设项目结合起来是非常有益的，在这种情况下，建设施工应根据污染情况实施，以便于把新用途（室内空气和室外环境）及建设过程中工作环境的影响降到最低。建筑的位置应不干扰以后针对残留污染而采取的修复措施。

根据风险分析采取修复措施时，调查阶段应以标准化的项目计划为结尾，项目计划包括项目概述、项目详细计划书和标书，不同项目中各部分的关系见表 8.1。

表 8.1 项目概述、项目详细计划书和标书的关系

	项目概述	项目详细计划书	标书
技术细节	原则性技术方案的概述	具体的技术描述	具体的技术描述*
费用	粗略成本	具体费用	投标清单（TAG**和 TBL***）
时间和条件	整体时间表	具体时间表	AB92****和特殊条件（SB）

* 在标书中，通常指工作描述或工作特殊描述（SAB）及图纸；** TAG：招标和支付条款；*** TBL：招标清单；**** AB92：1992 年发布的标准条款

某些情况下可能需要基于常规建筑物和建设项目实施调查与修复措施。

欧盟已经制定了通过欧盟招标商购买商品和服务及建筑工程的规则。下面是用于决定产品/服务是否适于欧盟招标的门槛值（1997 年价格）（表 8.2）。

表 8.2 决定产品/服务是否适于欧盟招标的门槛值（1997 年价格）

合同类型	SDR*	ECU**	DKK***
国家服务合同	130000	137537	1031998
郡县和地方政府服务合同 a	200000	211595	1587689
国家购买合同	130000	137537	1031998
郡县和地方政府购买合同 a	200000	211595	1587689
公共建筑和施工合同及供应公司	5000000	5289883	39692229

* SDR：特别提款权；** ECU：原欧洲货币单位；*** DKK：丹麦克朗；a：除了这些，某些豁免和补充条款适用[36]

此外，对于欧盟招标商有许多时间限制。

8.2 项目概述

项目概述包括一个或多个可供选择的满足修复要求的计划。以下内容可用于项目概述的编制：

1. 前言
2. 修复项目的背景

3. 目的，包括污染和风险的范围
4. 修复措施
5. 运行和评价阶段
6. 时间表和费用
7. 建议

前言应包含关于场地的以下信息：

- 地点、项目注册号和污染场地编号，若有需提供（场地位置应在地图上标出）。
- 场地所有人。
- 有关调查报告的参考文献。
- 工作需求方（委托人）。
- 顾问。

应根据场地的历史回顾和任何的前期调查，描述实施修复措施的背景情况，相关信息如土地用途、地下水情况和/或受纳水体质量目标、污染范围和风险评估等。

在目的章节应陈述实施修复措施的目的和需满足的相关要求。

给出满足以上要求的一个或多个修复措施建议。每个建议应有一个简单的描述，包含：

- 技术选择条件。
- 工程描述。
- 工程设计所需的必要试验。
- 主管部门必要的许可、审批等的概述。
- 建议措施的环境影响评估。
- 基于污染类型，评估建议措施的工作环境。

对于多个可供选择的修复措施建议，应考虑每个方案的费用、质量（环境效益）和环境影响（绿色核算）。经济效益对比应着眼于确保资金投资能够获得的可能的环境和健康效益最大化。多种修复措施的评估首先应基于施工成本、运行成本、修复速度和效果，其次应考虑可能的环境影响。通过这种方式，能够达到资金投资的最佳效果。这均基于建议的修复措施能够去除所有已知风险的假设。

每一个解决方案建议都应有关于运行和评价阶段的描述，其中包括所有的监测计划。

提供修复措施的时间表及后续运行和评价阶段的时间表。

编制修复项目总开支的预算，预算应包括建造费用、运行和评价费用。此外，还需对修复措施的详细计划、标书、监理和报告管理等的费用进行预算。在大纲和细节中对各种项目要有标准的说明，以便于项目进程中的成本跟踪。

在可供选择的多种建议方案的基础上，也应给出场地最适宜的修复措施建议。

8.3 项目详细计划书

项目详细计划书的目的是对修复措施实施的具体描述，应包括具体的技术说明、具体的时间表、费用详情，以及运行和评价阶段的说明。用于招标阶段的标书也应该涵盖在项目细节中。

在修复工程详细设计期间，可能有必要开展补充调查。例如，基础条件和污染的详细测图调查，这些工作有利于优化修复工程设计。如果选择了原位修复，通常需要进行原位试验，如抽水试验。

项目详细计划书的前言通常包括项目组织、场地地点等信息，这也是标书的特别条款（8.4.2 节和附录 25）。

技术描述包括需要实施的细节描述，这有利于在项目实施前编制标书中的"工作描述"（8.4.2 节和附录 25）。

应编制实施修复项目的详细时间表及可能的后续运行和评价阶段的时间表。

项目相关的费用应分解为咨询、承包商、土壤处理/处置、水处理、文件分析、工作环境相关措施、保险、不可预见开支、运行和评价阶段费用等支出。每一项条目都应该与项目大纲中的条目相对应。

8.4 招标和标书

8.4.1 投标和签约

非公开招标最多有两个供应商。

如果收到两份非公开标书，应遵循以下规则：

■ 如果取消招标，自取消之日起，必须 3 个月期满后才能举办针对同一个任务或要求的非公开招标。但可以立即举办公开招标。

■ 如果未取消非公开招标，自收到最近的非公开投标开始，必须满足 6 个月才能举办针对同一个任务或要求的非公开招标，并且不能进行新的公开招标邀请。

对于公开招标，通常至少有 3 个供应商报价。如果获得了报价，需遵循以下规则：

■ 如果取消招标，自取消之日起，必须 3 个月期满后才能举办针对同一任务或要求的非公开招标。但可以立即举办公开招标。

■ 如果未取消招标，自收到标书之日起，必须 6 个月期满后才能举办针对同一任务或要求的非公开招标，并且不能举办新的公开招标。

取消招标信息必须以书面形式告知每个投标人。见《招标法令》[37]。

公开或非公开招标可以聘请咨询顾问，因此，需要准备委托人和咨询顾问之间的标准合同。在丹麦环保署的“土壤和地下水项目”（1995 年 5 号文）[35] 中有这样的合同样本。

一般而言，建筑项目有三种类型的合同：

■ 专业合同。

■ 主承包合同。

■ 总承包合同。

专业合同相当于委托人依据专业任务的分割与不同的承包商签订合同，因此要与不同专长的专业公司签订合同。采用这种合同要求委托人或咨询顾问进行精细地组织和管理，因为项目的不同部分既需要单独运行也需要整体运行。

在主承包合同中，开发商与一个承包商签订合同。然后承包商负责合同管理，该合同常常包含数个分包商。开发商只需与主承包商达成协议，主承包商对项目服务和工期负责。

当主承包商负责项目实施及工作计划/设计时，可以使用总承包合同。但修复项目很少采用这种合同。

8.4.2 标书

标书应包含修复项目的详细描述，以下是标书的大纲：

■ 投标函。

■ 承包商概述。

■ 标准条款。

■ 特别条款。

■ 工作描述。

■ 工作的特点描述。

■ 投标和付款方式。

■ 投标清单。

■ 图纸。

■ 附录。

投标材料的各部分详细描述见附录 25。

应对收到投标文件的技术方案和报价进行评估。有时依据相关评估模型做出评标结论，该模型会赋予报价和技术建议一定的权重，如可以赋予方案和价格同等的权重。项目确定后，需准备与承包商的合同。在《土壤和地下水污染项目管理手册》中有合同的示例[35]。

如果投标要包含项目建议书，投标函中应明确项目建议书包含在投标评审中，且委托人保留接受最佳项目建议书而不考虑报价的权利。

8.5 监理

所有针对污染土壤或地下水的修复措施都应在环境或专业机构的监督管理下实施。监理的目的主要是确保修复措施是按照项目详细计划书的要求实施，并且修复方案以可能的最佳方式运行。因此，实施环境监理主要关注修复措施的环境效应，专业机构监理主要检验供应商提供的服务。以下任务通常作为监理的一部分：

1）确保符合质量标准（例如，在现场检测和分析中）。

2）确保符合作业流程（例如，在工作环境检测中）。

3）与主管当局沟通联系。

4）编制完工总结（向政府报告）。

在实施计划中，有必要阐述环境监理的任务。例如，经验表明，挖掘项目有时会发现前期调查中未识别的污染区域，环境监理必须确保这种情况依据项目详情的相关说明进行处理。

编制监理报告是监理工作的一部分，该报告用于记载证明项目实施遵循了相关质量标准，此外，该报告也应对修复项目的实施效果进行阐述。例如，土壤挖掘项目的监理报告应包括土壤挖掘的位置、挖掘土壤量及挖出土壤的去向，也应包括竣工报告所需的采样位置的计划、开挖轮廓、检测分析结果，以及可能残留污染的位置和浓度资料。

监理也应关注项目实施与原始计划的差异。监理任务更加具体的描述参见《土壤和地下水污染项目管理手册》[35]。

8.6 工作环境和外部环境

8.6.1 工作环境

在修复施工过程中，委托人和承包商均有遵循《工作健康和安全法令》的义务。委托人应基于《工作健康和安全法令》及经验对承包商提出必要的要求。相关方案应与工作环境主管部门进行讨论，以便在开工前解决所有问题和不确定因素。需要注意的是，工作环境主管部门不会出具有关工作环境的正式许可。委托人及由委托人实施的监理负责确保与《工作健康和安全法令》的符合性。监理人应编制工作环境的书面说明。

承包商有权利了解已完成调查所确定的污染类型、浓度和范围，因此，标书应包含前期调查结果的概述。此外，也应满足工作环境方面的信息要求，如选择合理的呼吸设备和其他保护设备、个人卫生、临时的场地建筑和设施、出入工作场所的防护要求（清洗区、蓄水闸等）、相关技术措施（如在挖掘机上安装加压室）、污染土壤的处理、运输和处置规则。在落实工作环境相关举措前，建筑工人“职业卫生服务”（BST）也能为承包商提供一些参考建议。

开工前，编制施工场地健康和安全计划[38]。计划应定期更新，并且保证资方和员工在施工全过程中均能够知晓。通常，在场地指挥施工工作的承包商负责编制健康和安全计划。如果同时有两个或两个以上的资方在该场地雇用了 10 个以上的员工，委托人需负责健康和安全计划的编制和更新。在监理员、承包商、工作环境主管部门和委托人参与的启动会议中讨论健康和安全计划。

如果工作持续时间预计超过 30 个工作日并且同时雇用 20 个工人开展工作，或者整个项目预计超过 500 个人工日，必须向工作环境主管部门提交施工场地通知。通知地点应由委托人确定。建议经常向工作环境主管部门通告污染场地的作业情况。

《工作健康和安全法令》、相关法规和指南请参考文献［35］。

8.6.2 外部环境

计划也应该包含有关场地外环境的规定。以下是可能出现的问题及缓解措施：

- 土壤工作产生的扬尘问题（粉尘检测，喷洒水）。
- 噪声问题（噪声检测，特定时间禁止作业）。

■ 气味问题（气味检测，覆盖或使用空气处理滤器抽风）。

为了确保项目顺利进行，与土地持有人及所有居民的紧密联系是至关重要的，这种联系包括分发报告、在项目招标之前举办会议（提供变更的可能性）、修复施工协商、向邻近居民发布信息（可能通过居民会议）、必要时在项目过程中召开会议（适用于大型项目）及完工后回访。

8.7 项目和质量控制

为了确保修复项目在质量、时间、费用方面的最佳控制，应实施工程管理、质量控制和环境管理。

作业区概述、划分临时作业区、含职位和任务描述的组织框架图、时间表、进度控制、预算控制和文件管理等有助于工程管理。

质量控制的实施包括控制计划、实际控制和控制文件。质量控制的范围依赖于项目的大小，但应编制质量控制计划，其范围至少应涵盖需控制的临时作业区和执行质量控制的人员（执行质量控制的人员不能是作业人员）。

质量控制通常也包括文件管理和控制及项目审查。

环境管理系统是一个相对较新而又备受关注的工具，它是修复项目中确保环保措施正确执行和环境影响最小化的控制工具。环境管理的控制因素包括项目的能源资源（能源消耗、运输、机械选择），水资源消耗，建筑工地的布置和运行，制造商、用户和周边人员的健康影响，全球、区域和当地的健康影响，以及技术发展的考量。项目大小决定了对环境管理的需求。

8.8 项目的完成

工作完成时，按照 AB92 的第 28 段和第 29 段交付工程[39]。

根据 AB92 的第 37 段，主承包商有责任和义务协助解决工程交付后出现的问题[39]。

根据 AB92 的第 37 段，委托人必须在交付后的一年内对项目工作进行评审[39]。

根据 AB92 的第 38 段，委托人和主承包商可以在工程交付后 5 年期满的前 30 天内组织项目检查[39]。

当所有的标准均已满足时，停止运行并编制竣工报告。

竣工报告用于记载证明项目实施与竣工标准的符合性，该报告主要包含检查中的观察结果。

9 修复措施

本章依据污染媒介的三个主要部分（土壤污染、地下水污染和土壤气/气体污染）进行分节，主要章节尽可能地细分为单一媒介的修复技术。当前修复方法发展迅速，因此，这里主要对行之有效的方法和新方法的差异进行对比。附录 26 给出了更多的待选修复技术信息，通过表格列出了各种修复措施的费用、优点、缺点，以及各种方法可以处理的污染物成分。特定修复措施在特定场地的适用程度取决于众多场地特征因素。因此，方法的选择与运行评价及已完成措施的评价密切相关，参阅第 10 章。

目前，修复技术发展迅速，关于修复技术的信息是十分丰富的。网络是一个新兴的、应用越来越多的信息来源。相关网址，如相关的美国国家环境保护局（危险废弃物清理信息）http://www.epa.gov 或丹麦环保署 http://www.eng.mst.dk 等，它们还提供了很多其他相关网站的链接。

9.1 清理目的

如果风险评估（第 5 章）显示该土地用途、室内或室外、地下水或受纳水体的健康风险受到威胁，就有必要采取修复措施。

9.1.1 与土地用途相关的修复措施

与土地用途相关的修复措施的目的在于去除污染物或切断污染来源，并预防或减少污染暴露。

通过以下修复策略可以实现这一目标：

- 挖掘污染土壤，在场地外或场地内处理。
- 土壤和地下水原位处理。
- 浅层地下水抽出。
- 降低挥发性污染物室内空气暴露的工程措施。
- 防止或降低室外环境暴露，并阻止污染物扩散的设备[15]。

此外，根据实际情况改变或调整土地用途能够降低污染暴露。

9.1.2 地下水和受纳水体的修复措施

对地下水和受纳水体采取修复措施的目的是降低或防止污染扩散至地下水含水层和受纳水体。

可以通过以下修复策略实现这一目标：

- 挖掘污染土壤，场地外或场地内处理。
- 土壤和地下水原位主动处理。
- 抽水和可能的后续水处理。
- 污染物固化（密封、稳定化、覆盖、切断污染源、固定化和玻璃固化）。

9.2 土壤污染的修复措施

9.2.1 修复方法综述

修复方法发展迅速，对于许多新方法，缺少对丹麦环境条件适用性的证明材料。因此，这里对在丹麦经过实施验证的方法和具有潜在应用可能的方法分别进行综述。

原位、场地内和异位方法是有区别的，以下均是在丹麦已经开始或完成的土壤污染修复方法[40, 41]。

- 挖掘和利用集中处理设施处理土壤（异位）。
- 挖掘后采用处理设施处置土壤（原地异位）。
- 挖掘和利用处理设施处理土壤（原位）。
- 土壤气相抽提（原位）。
- 被动淋洗（原位）。
- 采用施工技术和设备的方法（原地异位，原位）。

此外，还有一些修复方法尚未经过全流程测试，但是它们在丹麦有不同的潜在应用可能。例如[40, 41]：

- 生物通风。
- 生物处理法（接种技术）。
- 洗涤淋洗。
- 固定化（玻璃化、稳定化）。
- 电动修复。

- 蒸汽汽提。
- 化学处理。
- 气压劈裂。

方法的选择依赖于很多因素，如污染物类型、污染场地、土壤类型、地质和水文条件、清理时间、清理的影响和可以接受污染残留物的影响、土地用途和规划、修复措施的作业环境、方法成本，以及方法应用的证明材料。此外，需要评估环境效益，以达到资源投资所能获得的最佳环境效果。选择过程假定所推荐的修复措施均能消除已确定的污染风险。

除了下面的描述，修复方法的综述简化成一个表格列于附录 26，其中也列出了应用各方法的相关案例的成本。

9.2.2 挖掘

挖掘是目前最常见的土壤污染修复措施（图 9.1）。在可控制的条件下，通常采用一台挖掘机移除污染，直到挖掘的侧壁和底部都彻底干净，即在完成挖掘工作时必须满足具体污染物的验收标准。

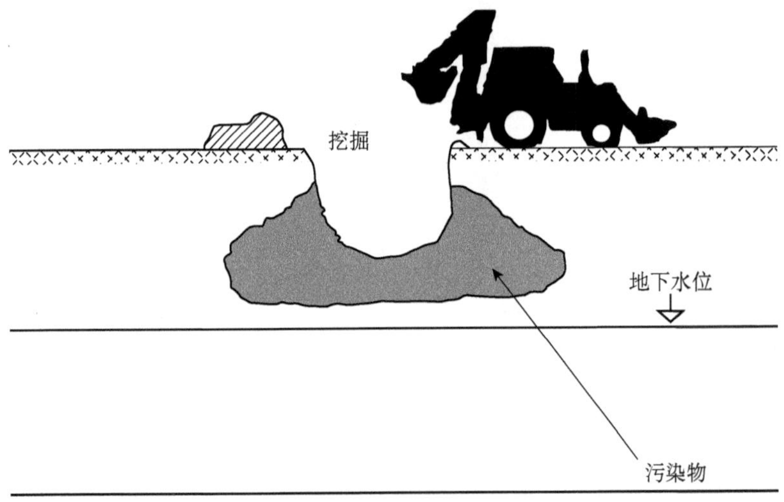

图 9.1　土壤污染挖掘处理

为了确保建筑物等的稳定，在所有的挖掘过程中必须满足地基标准（DS 415）[42]。实际作业中具体如何操作详见附录 27 中的案例。

必须通过侧壁和底部土壤样品的检测分析报告证明挖掘工作已达到合格标准。对于挖掘，运行和评估阶段与修复阶段同时进行。在第 10 章有更为详细的方法介绍。为了确保挖掘满足相关要求，挖掘作业必须在环境专家的监理下进行，相关监理详解请见 8.5 节。

直到 20 世纪 90 年代早期，仍然没有真正可以替代挖掘的方法，这就是挖掘方法至今仍被广泛使用的原因。该方法的好处是处理速度快，且具有较为详细的案例材料。所有已完成的土壤污染修复项目或多或少地均采用了挖掘作业。此外，挖掘可以用于所有类型的土壤和污染物处理，该方法的弊端是会对环境产生一定的影响。

9.2.3 挖出土壤的处理方法

自 1990 年，地方主管部门即负责调配所有工业和商业废物的处置，包括受污染土壤和受污染建筑垃圾（隔油池、储水池和地基等）。土壤常常会根据污染物种类进行细分，以便于后续处置[43]。

有多种主要的土壤处理设备，大部分设备采用微生物降解处理有机污染土壤（堆肥或土地耕作）。如果污染土壤含有较大含量的重金属、氢化物或焦油，可以通过某些处理设施或发电站的热处理方法处理污染土壤。除了轻质污染物，化学萃取法（1997 年由一家公司开发）也可以处理土壤中的焦油、农药、氰化物、重金属污染物。重金属污染物的最终处理方式可能是填埋。高挥发性污染物的提取仅适用于非常有限的范围。

污染土壤可以填埋处置，但必须得到填埋场所属的监管部门和污染土壤来源所在地主管部门的许可。

有些土壤处理公司主动提出采用与集中处理厂相同的方法在场地内处理挖掘土壤（土地耕作和很小程度上的堆肥）。此外，场地内可移动处理设备（热处理、气提、土壤淋洗等）已经在有限范围内进行了尝试[40]。被动淋洗已经在一个场地进行了尝试（水从污染土壤中渗出，薄膜密封，水经处理后循环使用）。

在丹麦，修复方法的使用经验仍是缺乏的。已完成项目表明修复方法在应用前需要大量的土壤进行试验，并且通常针对砂土和轻质有机污染。修复方法的弊端主要体现在空间需要、严苛的施工要求（如渗滤液收集系统）、耗时长、挖坑是否长时间不能填平，以及气味和噪声问题。

9.2.4 土壤气相抽提

土壤气相抽提实质上是采用真空设备从不饱和区去除高挥发性外源性有机物质的物理方法（气提）。该方法是丹麦最为常用的原位修复方法（图 9.2）。

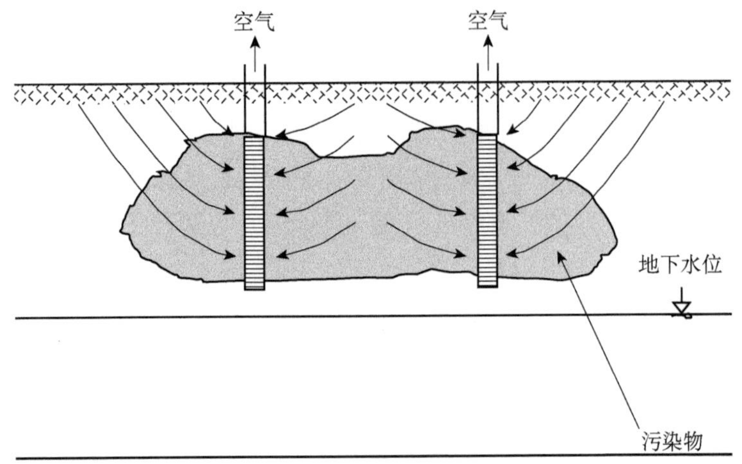

图 9.2　土壤气相抽提

在不饱和区安装大量主动通风筛，采用通风设备使其处于真空状态，进而从土壤中抽出高挥发性物质。被动通风网更适用于需要控制空气流量的情形（尤其适用于建筑物下的污染）

大多数情况下需要根据污染类型和浓度净化抽出的空气，其净化方法通常是活性炭滤池。如果污染场地含有污染物苯，由于空气质量标准中苯类物质的限值较低，因而通常需要净化抽提出的空气。

土壤气相抽提最适用于松散土壤中高挥发性有机污染物的修复处理。为了合理设计土壤气相抽提，应进行空气渗透试验[44]和生物活性试验。生物活性试验可以证明生物降解的可行性，并能帮助确定两个抽提钻孔的间距（影响半径）。污染点位是选择该方法的决定性因素，因为该方法非常适用于接近建筑物或在建筑物下方的污染修复。土壤条件、污染物类型和停止标准决定修复所需时间（通常是 5 个月到几年）。丹麦有许多使用土壤气相抽提的修复项目已经完成并通过验收（1997 年①）。该方法需要在项目起始即设定停止标准和评价方法，参阅第 10 章。

9.2.5　抽出空气的处理方法

通常，抽出空气须经处理后排放。允许的排放水平参见丹麦环保署 1996 年的第 15 号文件[12]。以下是用于抽出空气的典型处理方法：

- 活性炭滤池。
- 催化氧化。

---

① 该时间为统计截止时间。——译者注

■ 直接焚烧。

■ 生物滤池。

最常用的抽出空气处理方法是活性炭滤池。活性炭滤池的优势在于对空气流量小、浓度高的污染空气处理具有简单、安全的特点，此外，活性炭滤池设备价格相对较低。但是，设备运行费用高，且噪声较大。活性炭滤池需要大量的人工投入，尤其是在起始阶段，需要频繁更换活性炭。需要注意的是，活性炭滤池的处理效果取决于处理温度和污染物组分。

催化氧化方法由于能够自发进行，其运行费用较低，处理过程不产生有害副产品，但是设备较为昂贵，且仅适用于高浓度污染物的处理。

和催化方法一样，生物滤池设备昂贵，但运行费用低，其缺点是运行要求严苛。直接焚烧处理抽出空气的成本较高。

9.2.6 生物通风

生物通风是向不饱和区输送大量空气或氧气，利用好氧微生物降解外源性有机物质的方法。在不饱和区安装大量生物通风筛，使用通风机把空气注入不饱和区，促进污染物的分解。通常根据污染物的特性布设具有适当间距的被动空气排放网。生物通风法通过注入空气促进污染物的生物降解，而土壤气相抽提是从土壤中抽出污染物。

在丹麦，使用生物通风的项目已经被认可而且正在运行，但迄今为止，丹麦还没有已完成的生物通风修复项目（1997 年①）。美国已经在很多修复项目中采用该方法，该方法似乎最为适用于可生物降解轻质有机物（矿物油相关产品和溶剂，但不是含氯溶剂）污染的高透气性土壤的修复。该方法也是较低至中等蒸汽压污染物的理想处理方法。但是，也存在污染物被降解前已被气提的风险。为了确定空气流量和场地污染物降解的可行性，在设计方案前应开展透气性试验和生物活性试验[44, 45]。

污染位置对修复方法的选择十分关键。例如，当污染在建筑物下方或靠近建筑物时应考虑生物通风（图 9.3）。

该方法在丹麦尚未有很详细的应用记录，并且该方法的净化时间也不确定。但毫无疑问的是，生物通风能够很好地对其他修复方法（如土壤气相抽提或地下水抽出处理）进行补充或耦合。

---

① 该时间为统计截止时间。——译者注

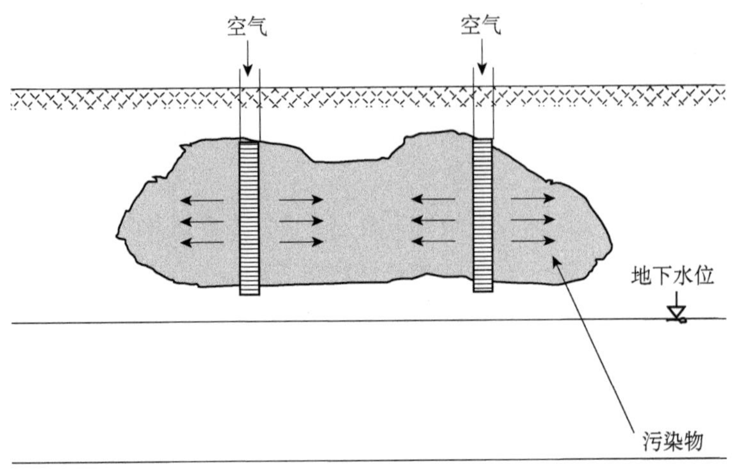

图 9.3 生物通风

9.2.7 被动淋洗

在污染区域，通过人工增强水的渗透（可能通过循环抽水的方式）将污染物淋洗出来（图 9.4），在水中增加营养物质、细菌和氧化剂有利于促进污染物降解，或者添加洗涤剂从而增加污染物的生物可利用性（洗涤剂浸出）。

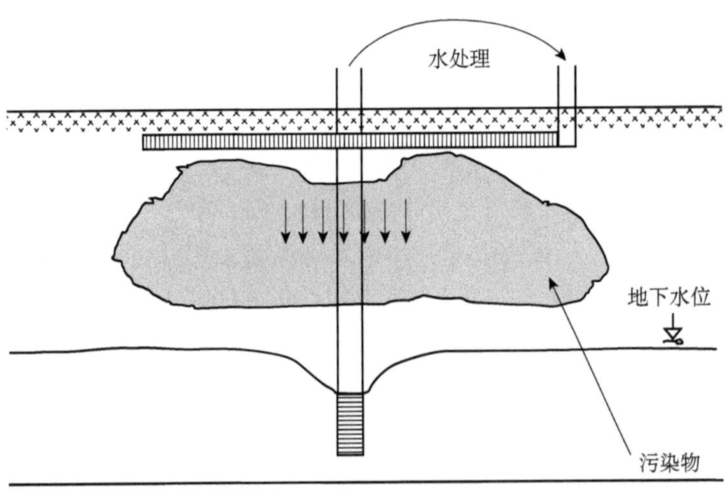

图 9.4 被动淋洗

淋洗水通过灌溉、喷水器喷淋或直接注入饱和区的方式进行渗透。淋洗水往往是从污染区域抽出并经过处理的水，或者为实现水力控制而从附近抽取未污染的洁净水。

该方法与其他方法结合使用更有效，一般是与抽出处理进行结合，在这种情况下，抽出水经处理后可用于淋洗，并能够确保水力控制。该方法可能适用于相对均质的可溶、可生物降解污染物污染，且水利条件较好的沙质土壤的处理。

一些采用该方法的项目已经完成[40，41]。但是洗涤剂淋洗仍处于实验阶段。理论上污染物中可移动组分的去除相对较快（几个月内），但是实际操作中仅使用该方法似乎是不可能实现彻底修复的。此外，应注意该方法存在操作难题，而且在很多案例中，由于铁的沉积或生物滋长造成的滤网堵塞会引起一系列问题。添加到淋洗水中的物质，如细菌、洗涤剂等，会产生污染问题。

9.2.8 固定化

除了去除污染，也可以把污染物固定在一个区域，然后将该区域用于特定用途。在丹麦经常采用施工方法，如沥青铺路可以防止与土壤的表面接触，并且确保污染向下进一步扩散的可能性降到最小。

使用合成材料或极低渗透性的材料（黏土或膨润土）形成的膜将污染密封起来。在尤其复杂的污染条件下，需要采用垂直阻隔防止污染横向扩散（图 9.5），如采用薄膜（开放式挖掘中）、钢板桩或膨润土/混凝膨润土/土壤做成的垂直阻隔、地下连续墙或钻孔技术（灌浆和深层搅拌）。有许多久经验证的技术采用不透水墙容纳污染物，这些方法基于国外常用的岩土工程技术实施。

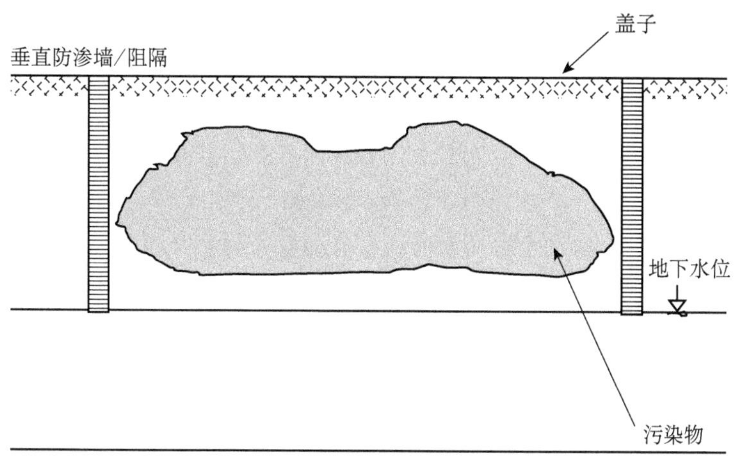

图 9.5　密封污染法

少数国外修复项目采用了原位玻璃化技术，即通过电流加热土壤，使之变成类似玻璃的物质。原位固定化是美国较为常用的修复技术，丹麦仅在有限的场地进行了尝试[40]。人们也尝试通过在土壤中混入稳定剂以降低污染物浸出（如膨润土、水泥或石灰）。

对于密封法，确保材料不可渗透是至关重要的。但是，除了降雨，地下水在含水层的横向流动仍然会导致地下水受到污染影响。此外，挥发性物质的扩散影响也不容忽视。因此，对于高挥发性污染物不能仅采用密封作为单一处理方案。在密封处理中，阻隔膜应按照一定规则摆放以便于排出和收集降水。

9.2.9 生物修复技术

在生物修复过程中，污染物的最佳降解条件是针对土壤介质的，可以添加适当的微生物（接种技术）或改善土壤中天然存在细菌的生存条件（生物刺激技术），如添加氧或洗涤剂（通过增加污染物溶解度提高生物可利用性）。

在丹麦，采用生物刺激技术的修复项目已经付诸实践（生物通风，见 9.2.6 节），而接种技术仍然停留在实验阶段。原则上，大多数的有机物质都可以被微生物降解，除了 PCB、氯化二噁英、重金属和高分子多环芳烃等物质。在生物修复中，土壤基质相关的特定条件也必须满足需求，如氧含量、无机养分含量（如铵和磷酸盐）、外源性物质的可利用性和毒性、温度和 pH。此外，含水率和土壤类型也是非常重要的参数，如黏土含量高的土壤不适合采用生物修复。试验表明，生物修复存在不均质、高浓度残留及修复时间长等问题，这也是生物原位接种方法尚未得以推广应用的原因[46, 47]。

9.2.10 其他原位土壤修复方法

电动土壤修复法可用于去除土壤中的重金属和有机污染物，该技术向土壤施加电场（电荷迁移），利用电动过程使重金属污染物从土壤中去除；有机污染物也可以通过电渗析去除。目前丹麦已有电动修复的中试实验[48]。电动修复法对土壤重金属的去除具有较好的商业前景，该方法在国外的应用案例还非常有限，因此，该方法在丹麦并不具备商业可行性。

蒸汽气提是使用两个反向旋转钻头搅松土壤，将蒸汽和压缩空气通过钻孔泵入地下土壤，通过这种方式，挥发性组分从土壤中脱离蒸发到土壤表面。该方法在丹麦不具有吸引力，主要是因为它需要大量能源、成本较高；此外，该方法要求从土壤除去大于 0.3m 的物体，且场地坡度不高于 1%。

化学处理是通过活性物质的渗透，将污染土壤降解成毒性较低的物质。由于还未有任何中试实验，该方法在丹麦尚未得以应用。该方法要求土壤具有很高的渗透性，可能存在处理后土壤能否满足特定质量标准等问题。

气压劈裂技术是通过钻孔提高土壤渗透性，使土壤与压缩空气接触，以去除土壤污染。该方法可以与通风等其他技术结合使用。气压劈裂技术尚未在丹麦推广使用，主要是因为没有文件证明该方法的适用性。

9.2.11 土壤修复设备试运行

如果土壤修复需要利用技术装备，一旦完成装备安装，就必须进行试运行。例如，为了优化空气流量，必须进行排气装置的试运行，其试运行主要包括监测井中空气抽出量和压力的监测记录，同时，进行一定量的化学分析。试运行在完成一个操作流程时结束。

运行包括技术设施的维护、污染监测、设备和污染收集的定期评估。为了保证最佳运行状态，需要做好设备登记、使用计划、工作描述和定期状态报告。单个技术的运行与评价将在第 10 章进行更详细的讨论。

9.3 地下水污染的修复方案

9.3.1 修复方法概述

地下水污染修复有多种原理和方法。在特定情况下修复策略的选择取决于以下因素：

- 污染类型（相分布、密度等）和组成。
- 污染位置（水平和垂直），以及污染范围和严重性。
- 水文地质条件（水力参数、含水层类型、水域等）。
- 修复时间要求。
- 场地条件。
- 水力控制的必要性。
- 投资金额与运行、维护成本。

目前已知的最常见的修复方法如下：

- 常规的从开筛井抽出处理。
- 从特定含水层分别抽水。
- 多阶段多井抽水。
- 从开筛井中撇去轻质非水相液体（LNAPL）。
- 从排水系统抽水。
- 从抽取探针设备抽水（包括“生物抽除”）。
- 原位方法（包括空气注入法、加入氧化剂、反应墙、垂直阻隔）。

9.3.2 抽出处理

深含水层的抽水通常采用开筛井抽取（图 9.6）。

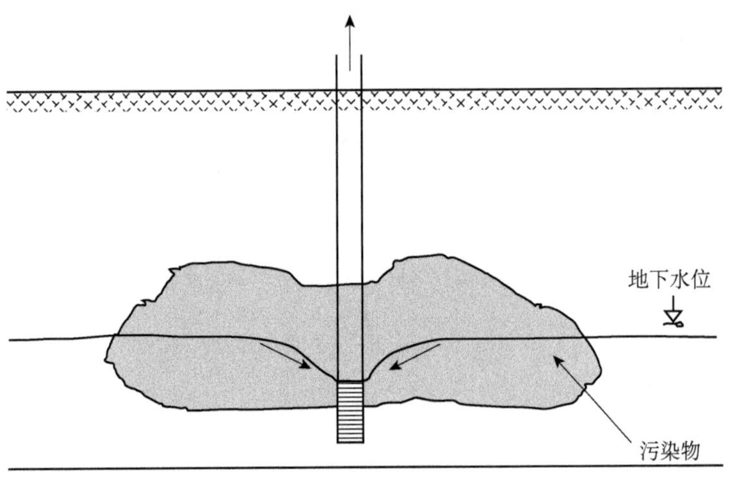

图 9.6 抽水修复

为了在水力控制下抽出污染物，必须制定合理的抽水方案。抽水方案包括以下内容[49]：

- 泵井的位置。
- 泵井数量。
- 泵的流量。
- 泵的扬程。

可根据实际情况选择不同方法，实施抽水方案。这些措施包括常规的从开筛井抽出处理、分别抽水、撇去浮油、注射、再循环，或几种方法的结合。

地下水污染物含有 LNAPL 时，通常在修复方法实施前先撇除 LNAPL。如果存在汽油和石油等 LNAPL 污染，应避免大范围地下水降水，因为降水会导致 LNAPL 污染露出的土壤，这样的土壤污染极难去除；使用多个较小的井，控制水位少量降低，并在真空条件下同时去除空气和水，这是对此类情况的最佳解决办法。

如果是近地面地下水污染，可以利用排水沟将污染地下水排放到集水坑，然后从集水坑中抽出污染地下水。这种方法尤其适合与挖掘处理土壤相结合，因为该方法通常需要大面积开挖。某些情况下水平排水也是一种解决方法。

抽取探针设备适用于近地面沙质含水层的短时抽水（最大水头 5～7m）。

生物抽除是一个相对较新的方法，原理上是抽取探针技术的进一步发展。在真空条件下，液体和空气可通过一个位于常规井中的可调节吸水管同时抽出去除（图 9.7）。抽水井孔必须密封以保持真空状态。

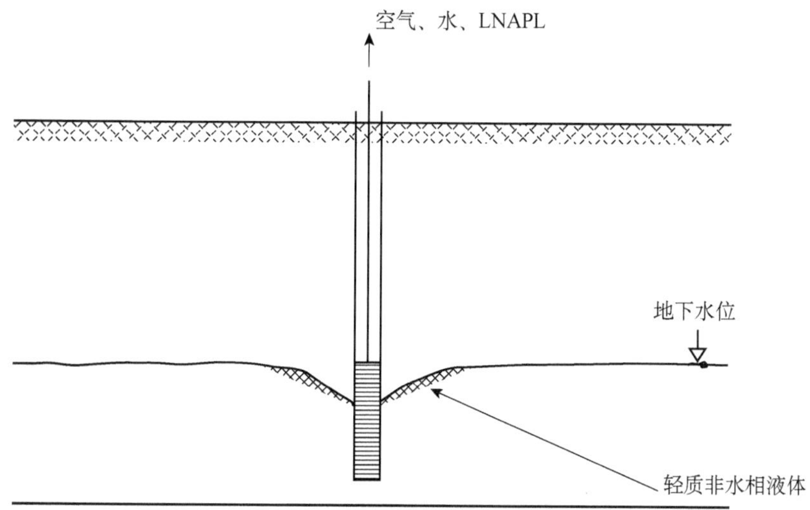

图 9.7　生物抽除

有许多方法可用于优化抽水方案。抽水方案通常是在取水井及其捕获区位置的基础上制定的，总体的地下水流向通常是通过测量等势面确定，通过抽水测试确定含水层的水力参数、渗透系数、具体流量和流量损失，含水层的垂直变化可以通过地球物理测井来确定，利用电导率和温度测井确定离子分布和温度的变化，流动日志可确定流入量的变化。此外，还有很多钻井记录可以提供各种地质构造信息（伽马射线、电流、电阻率和导电性记录）。

结合其他水文地质数据与污染物的范围和性质方面的信息，确定最佳抽水方案。在某些需要动态调整抽水方案的情况下，可以通过地下水运移和污染物扩散模型来获取更多信息，目前已有多种数值模型成功用于各类案例。在实际应用中，二维模型和三维模型都可使用。现如今使用较为广泛的三维模型可以实现所需场景的静态或动态模拟。

视情况确定泵的类型及控制抽水的技术设备。泵的类型很多，潜水泵常被用于深层的含水层，而真空泵和离心泵适用于近地表的含水层（最多约 7m 的深度）。通过维持所需要的地下水势能以确保水力控制的技术措施有很多，如液面控制、压力传感器、计时器或电极。

许多抽出处理案例已经完成，国内外地下水处理领域获得了丰富的经验。然而，许多实例已经证明达到停止标准是很困难的，总体修复达标是不切实际的，且存在水力控制可能会阻碍地下水污染向抽出井扩散等问题。但无论如何，抽出处理能够去除大量的污染物。

设施建设完成之后，即可开始试运行阶段（安装启动），该阶段的目的是优化运行。编制试运行技术设备的说明书，包含电力消耗记录、抽水泵检查、泵流量记录、水处理的文档等。此外，也要编制污染去除说明，包括抽水泵性能记录、水/空气量记录、地下水位测量、分析计划和结果。

试运行结束后，评价是否达标（地下水位、污染物浓度等），然后进行必要的修改（技术设备、抽水方案、地下水模型等）。抽出处理系统的运行和评价将在第 10 章阐述。

9.3.3 抽出地下水的处理和排放

在某些情况下，受污染的水可以直接排到最近的污水处理厂或者不太敏感地表水中；其他情况，排放之前需要进行污水处理，这需要个别问题个别分析。为防止对污水处理厂造成的可能不利影响，应对直接排入污水管道的抽出地下水进行分析评价。除了污染的类型和浓度，水量和有机质含量是确定能否排放到污水系统的关键因素。同时，必须评估直接排放是否会对污水管网工人的工作环境造成影响。

在向污水处理厂排放之前，必须获得监管机构的授权许可。监管部门将确定该污水处理厂是否能够接收污水，如果水量较大，污水处理厂接纳有难度，有可能允许晚上向污水处理厂排水，因为其他污水源晚上的接管量较少。必须做好大量污水向污水管网排放的准备。污水管网接管费用因地而异。

污染地下水需要进行处理后才能排放到下水道、地表受纳水体或水库。处理方法的选择取决于水体中的污染物及受纳水体对水质水量的要求。因此，必须针对特定案例单独进行方法评估。利用安置于场地内的设备进行场内处理和在含水层进行原位处理所需的处理方法是有区别的。以下场地内污染地下水处理技术已得到普遍认可。对于特殊问题，请参考土地利用和污染地下水修复的土壤工程[41]。附录 26 提供了不同水处理方案的成本示例。

重力分离法长期以来被用于石油/汽油污染地下水的抽出处理。但是，传统油水分离器的分离效果有限，出水中油产品残留浓度可高达 100mg/L[50]。新型联合分离器利用内置合成材料将小油滴聚集成较大油滴，再上升到水的表面，通过这种方式去除效果得到显著提升，出水中油产品残留浓度低至 20mg/L。

如果抽出水含有稳定的乳状液和高浓度的溶解性成分，可采用破乳设备。加入化学试剂获得的效果取决于剂量和停留时间。该系统在运行期间需要持续评估。读者可在《排水设施标准 DS432》中了解分离器排水系统的类型和功能需求等更多实施细则[51]。

过滤法处理污水是一个较为普遍、久经验证的方法。过滤材料的选择取决于特定的污染情况。传统砂滤被广泛用于其他工艺的前处理，用于去除铁、锰和铵，也可用于有机污染物生物降解的前处理。水处理均应考虑预处理去除铁和锰，因为这通常是后续其他处理过程达到预期效果的先决条件。

膜过滤法是通过加压使水通过半渗透膜，并截留比水分子大的物质分子的过程。该方法可用于去除盐和重金属[50]。活性炭吸附过滤普遍被用于所有类型有机污染物的去除。

所有过滤技术均需要反冲洗和/或清洗过滤材料，以及偶尔更换滤料。由于过滤材料吸收/吸附污染物的能力逐渐损失或过滤材料被堵塞，过滤效果随运行时间的增加而降低，因此，应该充分考虑用于过滤材料清洗、反冲洗或更换的运行费用。

对于挥发性有机污染物，可使用气提系统将污染物从水转移到系统的空气中，该系统的有效性主要取决于系统设计和污染物的蒸汽压与水溶性[50]。

在光化学氧化工艺中，过氧化氢和/或臭氧被紫外线辐射活化，产生一种可提供强氧化环境并破坏污染物的物质，最终将污染物氧化降解为水、二氧化碳和挥发性易降解有机酸。该方法能够有效处理大多数类型的有机污染物，如苯、矿物油产品、溶剂、农药和氰化物[50]。该方法的有效性取决于紫外线照射污染物的停留时间，这个停留时间可根据不同的排放要求而改变。

生物处理法是污水处理厂较为常用的石油产品处理方法。在丹麦，只有几个场地有生物处理法处理地下水污染的案例。浓度、温度、降解速率和稳定性的变化使得一些小处理单元操作优化变得非常困难。

9.3.4 污染地下水的原位修复方法

空气注入法在丹麦已经开始使用。空气注入的本质是通过向地下水位以下吹入大气等（图 9.8），以物理去除或微生物降解等方式去除地下水污染物。空气被吹入到地下水位以下以便水中的挥发性成分被气提进入不饱和区，然后再通过其他技术去除不饱和区中的污染物。此外，由于通入氧气，地下水区域的微生物降解活动也会被促进。

已知的只有少数几个已完成的空气注入修复项目（1997 年①），但该方法如与其他方法结合使用在丹麦是可能具有应用前景的，如结合土壤气相抽提去除均匀

① 该时间为统计截止时间。——译者注

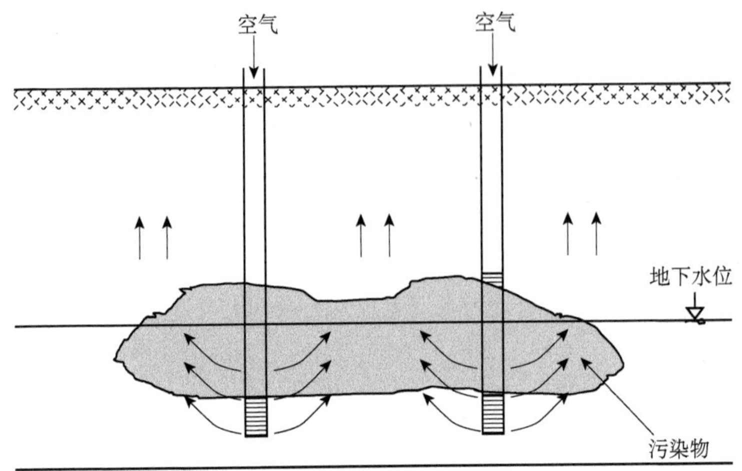

图 9.8　空气注入

地质条件下的挥发性有机污染物。地质条件是采用该方法的一个决定性因素，它要求介质具有一定的均质性。这对修复处理氯化溶剂污染非常重要，因为气提是唯一的去除机制。

为了确定一个场地是否适用该方法及做好系统设计，应先在修复系统安装的位置，开展在含水层空气注入/示踪实验等形式的小试实验[41, 52]。

生物注射法是从空气注入法发展出来的，其主要目的是刺激生物过程。在该方法中，氧化剂在较低的压力下以脉冲的形式加入。

1997 年首次在丹麦使用的一种新方法是向地下水区域添加氧化剂或释氧化合物（ORC）（图 9.9），该方法在美国也是比较新颖的，但在短期内既已非常成功。该方法费用低、环境友好，可能会在丹麦广泛使用。

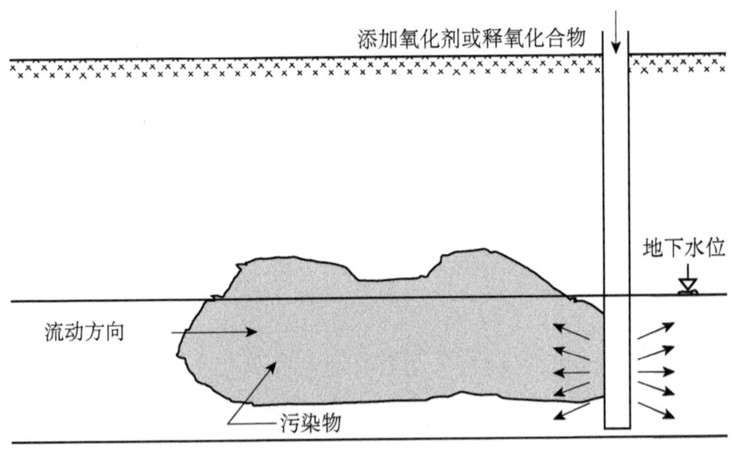

图 9.9　添加氧化剂

可以通过在地下水含水层构建垂直阻隔来切断地下水污染（图 9.10）。这可以通过各种方法实现，如钢板桩、开挖、地下连续墙、钻井法、深层土壤搅拌（DSM）和灌浆。不同的方法采用不同材料（如膨润土）做阻隔墙，并可能与不同类型的塑料板（土工膜）结合使用。该方法已经在国外的多个场地应用，但尚未在丹麦使用。了解污染物的物理性质和污染位置，以及地下水回流问题，可以有效地构造具有可渗透出口的漏斗形阻隔墙（导流技术），并在出口区域构建可渗透反应墙[53]。

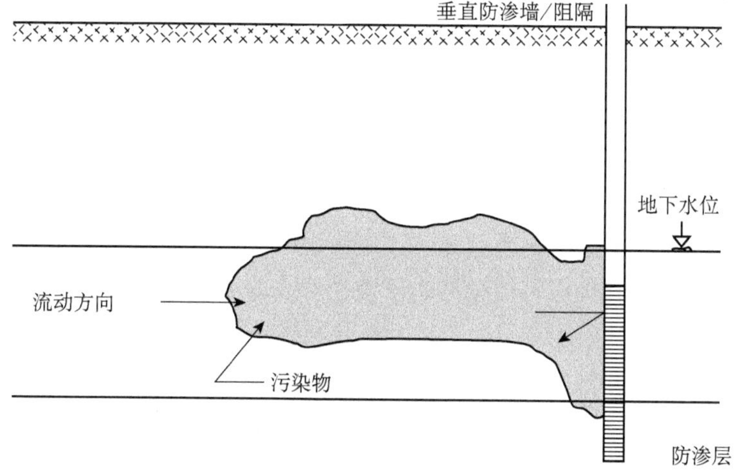

图 9.10　防渗阻隔墙

可渗透反应墙可在地下水通过墙体的过程中降解或去除污染物（图 9.11）。该方法在丹麦处于实验阶段，但美国以铁粉作为反应性材料利用可渗透反应墙技

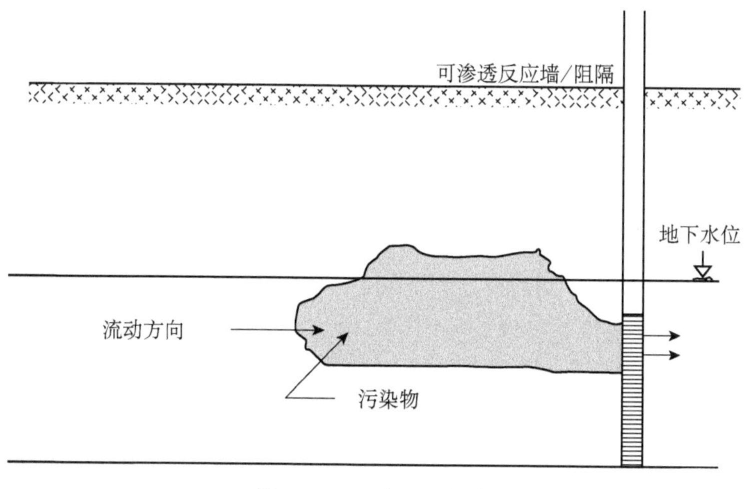

图 9.11　可渗透反应墙

术降解处理地下水中的氯代化合物。此外，渗透墙可使用具有高吸附性能的材料，如黏土矿物或活性炭，这些渗透墙可以是一次性的或可重复应用的模块。该方法在丹麦可能具有较好的应用前景。

9.4 污染土壤气的修复方法

9.4.1 受污染地区上的建筑物

新建筑物的建设应按规划进行，以避免坐落于污染区域，因为建筑物可能会阻碍后续修复。土地利用应按规划进行，以避免将污染区域用于敏感用途。但是，环保部门可以允许将未经整体修复的污染场地用于特殊用途。所有新建筑，包括污染场地上的建筑，必须满足国家住房和建设署对新建筑物中氡气浓度的规范要求[15]。

对于土壤污染造成的已有建筑物中具有健康风险的高浓度污染，一个实用的解决方案通常是改善地板下或地窖内狭窄空间、砾石排水层的通风条件。需要注意的是，地窖内的强烈通风会通过裂缝和漏洞增加外源性挥发物质的对流。

对于人们常去的室外区域，应避免污染暴露。污染暴露主要来源于地表受污染灰尘，少量来源于挥发性污染物的挥发。这样的污染区域应依据实际情况，采用沥青等覆盖或者替换表层土壤。

9.4.2 施工技术措施

可以利用多种针对地板、地窖或地下室下的砂砾排水层的通风措施，以避免挥发性污染物散发进入建筑物中，此外，也可以改善室内通风以避免污染风险。通风管通常铺设在地板下的砂砾隔断层中，如果后续工程需要，通风管可连接到安装通风设备的收集井。通风管还可以提供被动换气，此时应将通风管延伸到地面以便排放到外部空气。在规划新建筑物时，可以通过构建狭窄空间或提升建筑物高度实现自然空气通风。

通风是一个十分普遍的方法，适用于大多数污染物类型的修复。通风方案很容易整合进项目计划，且设施安装费用较低。经验表明被动通风通常是足够的，没必要启动主动通风设施。

铺设扩散抑制合成膜可以作为一个补充或可替代性的通风方法，这类产品很多，可依据污染物类型进行选择。使用过程中需要确保膜被充分焊接好，这样才能解决污染问题。

也可以通过使用钢筋混凝土地基和至少“中等环境质量”的地板，避免污染物向建筑物内传输。

9.5 垃圾填埋场废气的修复措施

如果对填埋场上或周边建筑物的居民存在健康或安全风险，需要实施修复措施以避免垃圾填埋场废气进入建筑物，或者使其浓度不超过可接受水平，或者使用气体信号装置以实现预先警报。

垃圾填埋场废气的修复目标是通过监测气体流动，确保气体被引导远离敏感区域而不流向建筑物，进而确保甲烷不具备爆炸风险，二氧化碳不呈现毒理学风险。

与所有其他污染一样，新建筑应尽可能坐落于远离风险的区域。对于更加详细的考量，可以参考丹麦环保署关于垃圾填埋场废气的第 69 号报告[54]。

垃圾填埋场废气的修复措施包含很多技术，下面的方法可用于避免废气流向建筑物。

■ 气体屏障（建造在废气源和建筑物之间，开挖沟渠，并在沟渠靠近建筑物的一侧放置气密阻隔膜。可以使用合成膜或天然膜）。

■ 渗透沟（建造在废气源和建筑物之间，通常由含粗粒物质的沟渠构成，也可在沟渠靠近建筑物的一侧放置气密膜。气体在沟渠中被动或主动排放）。

■ 排水沟（气体被动或主动地从建筑物和废气源间排放出来）。

■ 通风井（气体被动或主动地从建筑物和废气源间排放出来）。

下面这些措施可用来阻止气体进入建筑物。

■ 封闭建筑物（建筑物被封闭以阻隔气体对流，如使用膜封和混凝土密封裂缝）。

■ 改变气压梯度（如建筑物可以稍微增压以高于外界大气压）。然而对于潮湿的建筑物该方法是不推荐使用的。

■ 通风排水（向位于建筑物下的排水沟通风，其措施与 9.4.2 节中阻隔其他挥发性污染物措施所述一致，或者在建筑物周围、死角和下水道建立通风设备。该通风排水系统能被动或主动运行）。

此外，作为风险区一个额外的安全措施，应建立气体浓度监测系统，且安装气体警报器以确保修复措施的有效性，以及防止对人们可能的伤害。监测系统在检测到气体浓度过高时能自动开始通风。

方法的选择取决于特定的情况，通常可能是多种方法的组合运用。污染物和建筑物的相对位置是方法选择的关键因素。如果建筑物远离垃圾填埋场，通常采用防止废气迁移到建筑物的方法，如排水沟。如果建筑物直接位于垃圾填埋场地上，必须通过施工方法来解决（阻止气体进入建筑物）。

主动通风（通风机）和被动通风（自然通风）系统都是存在的，主要的使用准则是，通风沟渠通常是被动通风，而通风井一般必须安装主动通风设备来确保其足够的影响半径。

9.6 房屋下的残余污染物

如果污染物因不可清除的原因而残留在原地，在建筑施工前应对残留污染开展风险评估，见 5.2 节，且应该遵循相关行政法规，以避免不适当的污染扩散。

在一个房屋下残留污染物的项目中[55]，要给出如何管理房屋下污染物的建议，并包含适当的修复措施。

10 过程监控与评价

10.1 介绍和目标

评价阶段的性质取决于修复措施的类型。对于挖掘修复，评价阶段周期较短，或多或少地同时伴随着修复阶段的进行。对于土壤、空气或地下水的原位修复，运行阶段和评价阶段可能需要更长的时间，因此，评价通常分为持续进行的监控/运行阶段评价和针对修复结论的评价。运行期的效果和修复措施的最终效果通常是有区别的，因此，运行期的评价和后续影响的评价必然存在明显的差异。在不迫切需要采取修复措施的情况下，有必要采取简单的监控措施，这尤其适用于地下水含水层。评价方法与污染媒介和修复方法密切相关，因此下面的描述是针对特定方法的。

评价阶段的目标是评价和证明整个修复措施的效果。未采取修复措施的情况下进行监测的目的是确保没有发生不可接受的污染物扩散。

在修复措施实施前，必须设定停止标准和监测方案。停止标准是基于风险评估设定的，通常在准备项目大纲时设定。对于运行阶段，在确定项目大纲的同时，还须准备监测计划。在技术设备试运行期间，应编制操作手册，包含系统介绍、设备描述及有关工作说明等信息。

10.2 挖掘评价

挖掘能够部分或全部去除土壤污染物。挖掘的同时进行评估是为了确保区分受污染土壤和清洁土壤（可能分为几种污染类别）。评价还应确保残留污染物符合挖掘的标准（例如，挖掘的侧壁和底部污染物浓度足够低）。受污染土壤的管理要求应在项目计划书中清晰陈述，在开始工作前需要设计成说明或执行计划给直接参与人员。

为了确保项目依照相关要求进行，挖掘必须在环境监理下进行。环境监理人员的任务详见8.5节。

挖掘过程有三种类型的评价：

- 挖掘土壤的评价。
- 挖掘后残留污染物的评价和记录。
- 修复土壤的评价。

10.2.1 挖掘土壤的评价

为了实现污染的最优化修复，应该形成一个明确的挖掘策略。挖掘策略主要依据调查阶段得到的污染分布，特别是同质性污染的分布。必须建立一个采样策略，列出采样位置、采样频率、样品如何现场检测和实验室分析。

此外，应注意如何实施挖掘，这对于岩土工程和挖掘评价是很重要的。例如，应适当阐述每一层挖掘的面积、挖掘深度、最大挖掘范围、挖掘机铲斗的大小等。

土壤治理的方法和价格取决于污染物的类型和浓度。因此需要通过土壤样品采集分析来证明挖掘土壤的污染程度。需要带到实验室进行分析的样品数量取决于以下几个因素：

- 同质性污染的分布情况。
- 污染物类型（污染物是否能够用简单的方法检测，如现场检测或目测）。
- 污染是否分为了几个类别，需要不同的处理方法。
- 土壤如何处置（相较于土壤处理，土壤回用或填埋需要更多的检测分析）。
- 污染总量（小体量污染较于大体量污染需要相对更多的分析）。
- 在挖掘前已经开展了多少次调查（例如，污染物是否已经确定）。

设计阶段需制定样品采集计划，要包含样品的数量、采集区域样品点的系统分布模式和每层土壤中采样点的分布。另外，计划也可以涵盖从土壤临时储存场所、受纳工厂或直接从挖掘机挖斗采集样品。

可以按每单位质量或每单位体积挖出的土壤来采集一定量的样品。一般来说，可以使用换算因子 $1.8t/m^3$ 进行土壤质量和体积的转换。

土壤处理价格取决于污染程度。在非均质污染较严重的情况下，通常需要花费大量费用采集样品，以便将土壤划分为不同污染类别。采集样品数量取决于投入费用。监理日志和计划应该包含土壤样品在开挖坑中的详细来源。

采集含挥发性物质的土壤样品时，尤其在样品临时储存场所，有必要关注污染物的损失问题，因此，要选择合适的样品存储容器（防挥发）、取样方法（非表面样品）和处理方式（低温和避光保存，24h 内送到实验室并快速萃取）。

含有有机污染物的挖出土壤，若交由土壤处理厂处置，往往需要将土壤划分为不同的类型以实现处理费用的最优化，挖掘阶段土壤样品的采集数量由土壤类型划分的需求确定。因此，样品数量取决于特定的情况（体量大小、均质性、污染物类型、不同分类间的价格差异）。不同委托方、环保部门和土壤处理厂对检测分析的数量具有各自不同的需求。当土壤经过处理后存储时，需要编写最终的环境报告文件。

直接填埋处理的土壤比运往处理厂需要更充分的确定性，因此往往需要更多的样品。样品的数量和分析方法取决于特定情况（体量、均质性、污染类型、最终的填埋场地）和环保部门对环境报告文件的要求。样品的数量通常是每挖出30t受污染土壤采集一个样品。

分析因子和方法的选择要求与调查阶段的要求是一致的，主要取决于污染类型，详见附录11。检测分析必须在被认可的实验室进行。通常，检测限必须是质量标准的1/10。

对于有机污染，通常也需要了解挖出土壤中的重金属含量（尤其是铅），因为高含量的重金属对于处理方式和价格是十分关键的。

在受纳处理厂中，作为接受和登记流程的一部分，通常对样品进行定期分析。同监管部门的分析结果相比，可能会存在一些差异。因此，记录样品来源是十分重要的。

通过污染调查尽可能地确定污染范围，以便确定需要被挖掘的土壤体量。详细的项目计划需要提供一个大污染土壤量的估算。通常估算量和实际量会存在差异，因为污染调查是基于布点检测的，实际挖掘量是从土壤运输中已完成的重量单中得到的。为了避免误区，监理检查应制作表格以详细说明装载量，该表格需要运输司机、监理人员、受纳处理厂的签字，然后再回转给监理人员。

10.2.2 残留污染的报告文件

当通过观察估计足够的污染物已经被挖掘出，且可能符合之前预定的停止标准时，挖掘会临时停止。标准的符合性需由开挖坑侧壁和底部适当数量的土壤样品及化学分析来证明。样品采集可以辅以现场测量来进行。样品的数量事先需要监理人员的认可，并将采样重点放在关键区域。涉及室外区域和室内空气风险的修复，大多数样品需要从土层近地表层采集；而涉及地下水风险的修复，应该提供更多开挖坑底的分析数据报告。采样密度也取决于污染物的性质（是否可见，是否可用现场监测方法检测，土壤是否是均质，等等）。

在项目详细计划书的验收标准描述中，必须明确最小检测分析数量，以及每单位面积的分析数量。一般而言，应该从开挖坑的四周和底部采集样品。通常，取样至少应该符合《土壤采样与分析导则》中的等级 3[3]。在目测就能发现开挖坑污染是非均质的情况下，如通过地质层和颜色的分布，应采集更多的样品以确定残留污染。样品应该按 10.2.1 节所述进行处理。

如果有挖掘机无法到达的土壤污染区域，如在建筑下，应通过风险评估确定采取何种防范措施，详细内容参见第 5 章。

为了记录项目的完成，应编制文件证明项目已遵循了相关协议，包括土壤开挖、处理和分析流程，以及挖出土壤和剩余土壤中的污染物浓度水平。然后通过风险评估确定允许残留污染物继续存在的影响。

10.3 土壤污染原位修复的评价

第 9 章阐述了修复系统的试运行和正式运行。以下是运行评价和最终合规性概念的描述。在运行过程中应定期开展运行评价，以达到确定修复进度和技术设备是否最优化运作的目的。当运行评价显示可能已经达到验收标准时，则可以开展最终合规性评价。

10.3.1 运行期评价

以下描述了用于土壤污染原位修复方法的评价，包含主动法（如土壤气相抽提和生物通风）和被动法（如固定化）。

在土壤气相抽提法的运行期应随时监控污染情况，以便记录污染的变化。在土壤气相抽提中，应该关注最初的运行（运行开始后至少应该收集一周的样品），随后延长时间间隔，如 1 个月、3 个月、6 个月、9 个月和 12 个月。在这个阶段后进一步的运行评价可以根据第一年的运行结果来决定[41]，通常每年 2～4 次。

土壤气相抽提法运行期主要测量排出空气中的污染物，并监控空气流量和气压。随着修复方法的完成，评价应涵盖土壤气体/地下水的监控井。除了测量污染物，还可能要测量排出空气中的氧气、二氧化碳和温度。修复成功的最终评价在 10.3.2 节中详述。

在生物通风修复过程中，运行期的评价最好通过生物活性测试的氧气和二氧化碳消耗量来实施。通过与早期测量的对比，阐明活性的变化。在生物活性测试中，将特定量的氧气注入污染层，随后通过附近的监控井测定氧气和二氧化碳含量的变化。该检测至少一年实施两次。

除此之外，在运行期结束时需要对现有监测井土壤气中的污染物进行检测分析。监测地下水/土壤有利于检查水/土壤是否变得更清洁。如果停止标准中含有空气浓度这一项，通常需要实施空气监测，这同样适用于水和土壤。监测地下水时，应检测氧化还原电位以确定降解的潜力。

在被动淋洗中，最佳的运行期评价是分析水处理装置的进口和出口水样。应开展适当次数的分析检测，逐渐延长时间间隔，第一个月应每周测一次，随后每月一次，直到最少每半年一次。

除此之外，在运行期应设置监测井，并在适当的时间间隔内监测地下水含水层的污染物含量。

在固定化方法中（固定或覆盖法），阻隔系统的清洁侧，最初应每年监测两次，然后降至每年一次。对于挥发性污染物，通常应开展土壤气体检测；但对于水溶性物质，应顺着阻隔系统的梯度监控地下水含水层。为了保障安全和实现最优化监控，可能需要建造双层墙，并将监测井设于双墙之间。

10.3.2 停止标准和最终合规性

停止标准应该在修复措施开始运行前设定。标准设定过程中应考虑以下内容：

- 最终合规性的样品介质（空气、土壤和水，或可能是它们的组合）。
- 最终合规性评价的程序。
- 确定修复最终成效的采样策略。
- 检测和分析因子。
- 检测和分析程序。
- 可允许的结果偏差。

污染可能在水、土壤或气体中，因此，可能需要测定单一媒介或组合媒介中污染的变化。例如，如果室内空气受到污染威胁，可以设置土壤气标准；如果由于室外空气存在风险而开展修复，设置土壤标准可能是合适的；当饮用水受到威胁时可能需要设定地下水标准。经常有必要在现有的井或钻孔间建立新的井或钻孔。

最终合规性评价是将环境介质（土壤、水和空气）中的污染物浓度与相应的最大限值进行比较。在某些情况下，也会使用污染物间的比值进行合规性评价[56]。例如，针对降解类修复措施，可通过比较快速去除污染物与难降解污染物的去除比例，验证修复措施的有效性，尤其适用于影响室内空气质量的易降解类污染物的修复成效评价。

实际工作中，停止标准可能根据修复进展进行必要的调整。当修复过程十分缓慢时，可以暂时停止修复措施。随后，以风险评估为基础决定修复措施是否应永久停止或是否有必要使用另外的技术继续修复。在实践中，多个修复项目已经遵从了该流程。

许多原位修复方法运行期效果和最终效果是有差异的。在一些情况下，当修复设备关闭后，污染物会再次出现或回流，导致修复不符合最初的停止标准（反弹效应），因此，最终的合规性评价应该建立一个能用文件证明最终效果（修复措施是符合要求的）的采样策略。所以，在开始修复措施前，应确定如下问题：哪一种样品介质会提供最终效果的最佳证据、做出合理决策（肯定已达到最终修复效果时）所需的样品数量、采样时间间隔，以及采集单独样品或混合样品（土壤）。典型地，应该对污染物转移到水相及进一步进入监测井所需的时间做出评价。

当运行期评价表明排放空气（当这是运行的唯一要求时）中的污染物浓度足够低时，样品必须从最终合规性评价选择的最佳样品介质中采集。对于通风法，也必须从排放空气以外的地方进行采集样品。至少要有两次排放空气的连续检测分析显示没有检出污染物，才可用于合规性评价。在泵停止了一段时间后，应该以大约两个月的时间间隔采集样品。之后，可以从新井中采集土壤、水、空气样品以检验是否符合停止标准。

在被动淋洗中，需遵从的土壤或地下水质量标准是固定的。然而，在实践中，这些预设的标准并没有被使用。对于目前已完成的原位修复，残留污染的风险评估已经为停止标准提供了基础。

对于大多数被动原位修复方法，如固定法，最终合规性和运行期评价是没有区别的。监测同运行期评价一样是要连续进行的（虽然随着时间的推移，监测的时间间隔会变得更长）。

必须决定哪些污染物要通过分析量化，可能是单一物质或混合的物质。明确评价程序是十分重要的，包含分析的方法。分析方法参见《土壤采样与分析导则》[3]。

在修复措施实施前，必须建立解释分析结果变化的规则。例如，可以要求特定比例的结果必须符合标准，同时设定任何单一分析均不能超出的最大浓度值。

在丹麦的原位修复中，空气和水都已经被当作停止标准的评价介质。大量满足停止标准的土壤气相抽提案例已经完成，也有土壤和水完全修复的被动抽提案例。一些修复项目因达到停止标准而完成，但是也有多个修复项目因运行问题而被中止。

10.4 地下水修复评价

地下水修复有很多方法/原理，参见第 9 章。这些方法可以大致分为抽出处理和其他原位处理技术。

10.4.1 抽出处理评价

开始抽水时，有必要检查污染是否是在液压控制之下。随着修复车间的建立，通常需要制定一个监测计划，且装置一旦完成试运行，就要对监测计划进行修正。监测计划应明确在哪里测量等水位面，在哪里测量泵流量，以及在哪里测量泵的效率及测量频率。

通常，水力控制效果的监测井应布设在抽水井影响区域内及其边缘。因此，通过水力影响边界两侧的观测，证实污染羽被控制在水力影响范围以内。

评价污染是否已经按计划进行修复，需从抽水井和监测井中采样和分析。修复监测井应该布设于污染羽内和其上方含水层、污染源及其下游。

监测计划的建立应包含采样点、水样采集频率和分析方法。

在抽出处理中，运行期的修复效果和最终效果通常是有差异的。当抽水泵关闭后，污染物通常会被释放或回流，以至于修复不符合预期的停止标准（反弹效应）。例如，当泵抽水速率下降后，地下水位上升，污染物质会释放到地下水中。因此，抽水泵停止后最终效果的检测是很重要的，且应该评估何时能够确定抽水井反弹效应。如果被认为已经达到最终效果，但是大约 3 个月后的跟踪监测表明水质已超出停止标准，必须重新启动抽水。反复进行该过程直到停止标准已确认实现。

所需的修复程度建立在调查阶段的风险评估基础上。停止标准应该包含对连续几个检测周期的检测值均低于修复水平的要求。此外，应该从多个监测井和抽水井中采样分析。停止标准可能会根据样品采集井的位置而有所改变。

抽出处理方法的经验是很丰富的，有许多已经完成的相关项目。然而，许多项目证明达到停止标准是非常困难的。但通过水力控制能够阻止地下水污染向取水井扩散，同时能去除一些污染。

也有一些发生在近地面含水层的成功抽出处理案例，其停止标准是与土地用途相关的。另外，只有少数几个已完成的以修复至饮用水标准为目标的高水量含水层抽出处理案例。

主管部门要求在取得排放许可证之后，才能向污水处理厂、地表受纳水体等排放污水。除了对分析因子、分析程序、合规浓度和允许排放量等的要求，排放许可证还涉及采样和分析的频率。因此，按照所需的分析频率要求，在排入污水总管之前必须采样检测以检查水质合规性。

排放受污染的地下水时，应进行评价以确保处理过程正在有效开展。例如，在过滤技术中，所有过滤器必须定期反冲洗、清洗或更换。因为过滤材料逐渐丧失它的吸附/吸收性能或被堵塞，过滤器的效果随着使用时间的延长逐渐降低。因此，运行期必须实施一定量的与过滤器反冲洗、清洗和更换有关的监测和评价。

水处理监控的范围因方法而异，因此应该在监测计划中详细阐述，如分离器必须在适当的时间间隔进行排空。

基于活性炭的水处理系统通常由两个连续的过滤器组成，系统的处理效果最好在两个过滤器间检测，以便于定期更换其中一个过滤器，且污染物也不会穿透最后一个过滤器。

10.4.2 原位修复方法的评价

与抽出处理法一样，空气注入法处理效果的评价也是主要通过监测地下水来完成的，这要求分析来自于污染中心区域和污染边缘区域的地下水监测井样品，采样的频率可以是 1 个月、2 个月、3 个月、6 个月、12 个月、18 个月和 24 个月之后[41]。需要注意的是，空气注入法可能会经由注入空气在饱和区传输而引起显著的污染扩散，这可能是水平方向低渗透性的结果。应在项目设计阶段调查是否存在低渗透区域，如果这些区域是存在的，监测应该进一步远离空气注入区域，以避免可能的室内空气污染问题和地下水问题。同时，为了监测水位的沉降，定期测量地下水的等势面是非常重要的。

空气注入的同时，通常使用土壤气相抽提去除不饱和区中被释放的污染物。监测计划中应包含排放空气的检测。

对于空气注入法，实际观察将普遍应用于停止标准。当污染物浓度很低或者没有明显的污染形势变化时（甚至考虑到可能的反弹效应），可以停止修复措施。此外，需要采取特定的风险分析以断定修复措施可以停止。如果风险分析认为必要时，可以采用跟踪监测或抽出处理取代空气注入法。

可渗透反应墙容许地下水从墙体通过，同时降解或去除地下水的污染物。应在地下水区域进行合规性评价，且在地下水流入墙体前、墙体内和墙体后进行采样。此外，应监测上游和下游的污染物，以及所有阻隔墙之前和之后的污染物，用于检验可渗透反应墙的有效性。通过监控地下水位，确保地下水流动方向与设计相符，并排除阻隔墙附近可能出现的地下水滞留隆起现象。

不透水墙应该主要监控地下水污染区的下游。为实现最优化评价，可以在阻隔墙间额外建立双层墙用于监测。

添加氧化剂的地下水区域，其处理有效性应顺污染梯度评价，以及在产生“隔氧层”的抽水井中进行评价。除了监测污染物，通过监测也需要辨别氧化剂替换或补充的时间。

10.5 土壤气修复评价

存在室内空气风险的建筑物及因此风险而开展修复措施时，应每隔一定时间评价这些修复措施的效果。评价时通常应在地板下检测，而不是建筑物内，以避免错误的污染源。如果检测的是室内空气，而不是土壤气体，这时应采集未被污染影响的室内空气样品作为对照检测分析。同时，也应开展室外背景检测。

在建立被动或主动通风设施后，如防水槽排水沟中的通风排水沟，可以通过排放气体检测或地板下的通风管检测实施效果评价。如果排放空气中不能检出污染物，通风设备可以停止，且可通过土壤气（也可能是排污管）的检测开展随后的最终评价。当至少两次以两个月为间隔的检测值低于停止标准时，主动通风设备可以停止。应该注意的是，在抽风泵停止后，排污管中可能发生反弹效应，因此只开展一轮检测是远远不够的。

10.6 填埋气的控制措施

填埋场中垃圾产生的废气对人体或环境存在风险，因此垃圾填埋场要建立相应的监测计划。以下是对于垃圾填埋气的一个推荐监测计划。更多信息可参考丹麦环保署关于垃圾填埋气的报告[54]。

监测的目标是检查气量的变化，以决定修复措施是否应该被启动或改变，或者正在实施的修复措施是否保持令人满意。

填埋气的可监控点位包含：

- 地表。
- 地下土壤钻管。
- 在沟渠安装的监控装置。
- 监测井。
- 现有的井（渗滤液收集井等）。
- 装有自动报警器的建筑内。

最常见的方法是监测井或土壤钻管的检测。在调查清楚产气区域和气体流量后，综合确定井或钻管的位置与间隔，其位置取决于甲醛含量、气体量、渗透过垃圾的气体、填埋场范围、周围的地质地层，以及与建筑物、管道系统和排水沟的距离。最后，监测位置取决于修复装置安装的设计。

填埋场范围外也应该设置测量点，特别是填埋场和附近所有建筑物之间。更详细的关于井及其位置的设计描述可以参考丹麦环保署的相关报告[54]。附录8中有一个固定测量点的设计示例。

挖掘沟渠可以用于浅填埋场。由于直推技术或手钻方法的监测范围有限，主要用于点源监测。现有供水井和渗滤液监测井的检测可用来作为补充，但不能取代专门建造的气体检测点。

针对已完成填埋气修复的地方，如有可能，应在预防设施和建筑物间使用上述监测点进行检测。如果气源和建筑物间的修复设施为气体屏障、渗透沟渠、通风排水沟或钻井等，则在这些修复设施和建筑物间进行监测是可行的。如果监测井中未重复检出填埋气，可以减少监测频率。在使用技术措施或改变建筑物内气压梯度来阻隔气体渗透的地方，监测应主要在地板下或建筑物内进行。

高风险区域的建筑中，应安装气体浓度检测系统和气体警报器作为特别的修复措施有效性检验手段。当甲烷浓度超过1%（体积比），即甲烷爆炸下限（5%，体积比）的20%，或者在二氧化碳浓度超过5%（体积比）时，建筑内人群应立即疏散[54]。必须制订建筑内人群安全应急方案，并且每个人都应该熟悉该方案。

监测应持续到人体和环境风险得到有效缓解时，即气体浓度不会致爆（甲烷）或致毒（二氧化碳）。填埋场长期监测中，甲烷的浓度必须低于1%（体积比），腐烂垃圾产生的二氧化碳浓度必须低于1.5%（体积比）。这可能是一个为期两年的监测，其中在不同气象情况下至少监测6个月（夏天的热天气，冬天的冻土，以及期间大气压力降低且低于1000mbar①绝对值时）。或者，可以开展废弃物调查，且提供确切的数据统计证明可降解废弃物已经被降解了[54]。

应该充分考虑实施过程评价和监测人员的安全，关于工作安全的应急程序应随时备用。

---

① 1mbar=100Pa。

参考文献

[1] Vejledning om kortlægning af jordforurening og kilder hertil.（*Guidelines on mapping soil contamination and sources*）. Draft Guidelines，1997，Danish Environmental Protection Agency.

[2] Projektering. Course for Project Managers 2，6 April 1997. Amternes Depotenhed.

[3] Vejledning om prøvetagning og analyse af jord.（*Guidelines on sampling and soil analysis*）Draft Guidelines，1997，Danish Environmental Protection Agency.

[4] Vejledning om rådgivning af beboer i let forurenede områder（*Guidelines on informing residents living in slightly contaminated areas*）Draft Guidelines，1997，Danish Environmental Protection Agency.

[5] Kilder til industrikortlægning（*Sources of industry mapping*）Elucidation Report U6. Landfill Project 1989.

[6] Statutory Order no. 4 of 4 January 1980 on execution of groundwater wells. Ministry of the Environment.

[7] Vejledning i måling af stoffer i indeluften fra forurening i jorden（*Guidelines for measurement of substances in indoor air from contamination in soil*）Building and Housing Agency 1994.

[8] Undersøgelse af lufttæthed i bygningskonstruktioner（*Survey of airtightness of building constructions*）. Building and Housing Agency，1995.

[9] Risikovurdering af forurenede grunde（*Risk assessment of contaminated sites*）. Environmental Project no. 123. Danish EPA，1990.

[10] Toksikologiske kvalitetskriterier for jord og drikkevand（*Toxicological quality criteria for soil and drinking water*）Danish Environmental Protection Agency Report no. 12 1995.

[11] Økotoksikologiske jordkvalitetskriterier.（*Ecotoxicological soil quality criteria*）Danish Environmental Protection Agency Report no. 13 1995.

[12] B-værdier（*B values*）. Orientation from the Danish EPA，Orientering no. 15，1996.

[13] Kemiske stoffers opførsel i jord oggrundvand（*Behaviour of chemical substances in soil and groundwater*）. Project no. 20，Danish EPA，1996.

[14] Diffusionsforsøg，betongulv（Diffusion tests，concrete floors）. Danish Housing and Building Agency，1992.

[15] Radon og nybyggeri（*Radon and new construction*）. Building and Housing Agency，2nd

edition，1993.

[16] Nielsen，G. D. et al，Flygtige organiske forbindelser i indeluft – Stoffer，koncentration og vurdering（*Volatile organic compounds in indoor air*）. Dansk Kemi 4，1997.

[17] Baggrundsværdier for organiske forbindelser i indeluften（*Background values for organic compounds in indoor air*）. Building and Housing Agency，1994.

[18] Kjærgaard，M.，Ringsted，J. P.，Albrechtsen，H. J. and Bjerg，P. L. 1998. Naturlig nedbrydning af miljøfremmede stoffer i jord og grundvand（*Natural degradation of xenobiotic substances in soil and Groundwater*）. Report by the Geo-technical Institute and DTU for the Danish EPA.

[19] Wiedemeier，T. H. et al. 1995. Technical Protocol for Implementing Intrinsic Remediation with Long-Term Monitoring for Natural Attenuation of Fuel Contamination Dissolved in Groundwater. Air Force Center for Environmental Excellence，Technology Transfer Division，Brooks Air Force Base，San Antonio，Texas.

[20] Wiedemeier，T. H. et al. 1995. Technical Protocol for Evaluating Natural Attenuation of Chlorinated Solvents in Groundwater. Draft-revision 1，Air Force Center for Environmental Excellence，Technology Transfer Division，Brooks Air Force Base，San Antonio，Texas.

[21] Statutory Order no. 921 of 8 October 1996 on quality requirements for aquatic areas and requirements for emissions of certain hazardous substances to waterways，lakes，or the sea.

[22] Statutory Order no. 310 of 25 April 1994 on waste water permits etc.

[23] Statutory Order no. 75 of 30 January 1992 on limit values for emissions of certain hazardous substances to waterways，lakes and the sea（List 1 substances）.

[24] Statutory Order no. 181 of 25 March 1986 on limit values for cadmium with waste water from certain industrial plants.

[25] Statutory Order no. 520 of 8 August 1986 on limit values for mercury in emissions from certain industrial plants.

[26] Statutory Order no. 6 of 1974 from the Danish EPA. Guidelines for provisions on emissions of waste water.

[27] Begrænsning af luftforurening fra virksomheder（*Limiting air pollution from enterprises*）Guidelines from the Danish EPA no. 6，1990.

[28] Acceptkriterier for mikrobiologisk renset jord（*Acceptance criteria for microbiologically remediated soil*）. Guidelines from the Danish EPA no. 8，1992.

[29] B-værdier（B values）. Orientation from the Danish EPA no. 15，1996.

[30] General branchevejledning for forurenede grunde（*General sector guidelines for contaminated sites*）Guidelines from the Danish EPA no. 5，1992.

[31] Branchevejledning for forurenende træimprægneringsgrunde（*Sector guidelines for contaminated wood-treatment sites*）Guidelines from the Danish EPA no. 4，1992.

[32] Branchevejledning for forurenede garverigrunde（*Sector guidelines for contaminated tannery*

sites). Guidelines from the Danish EPA no. 5，1992.

[33] Branchevejledning for forurenede tjære/asfaltgrunde（*Sector guidelines for contaminated tar/asphalt sites*). Guidelines from the Danish EPA no. 6，1992.

[34] Boringskontrol på vandværker（*Well control at water works*). Guidelines from the Danish EPA no. 2，1997.

[35] Projektstyringshåndbog for jord-og grundvandsforureninger（*Project management handbook for soil and groundwater contamination*). Soil and groundwater project，Danish EPA no. 5，1995.

[36] Modværdien i danske kroner af EU udbudsdirektivernes tærskelværdier for perioden januar 1996 til 31. December 1997.（*Equivalent values in DKK of threshold values in EU tender directives from January 1996 to December 1997*).

[37] Act No. 216 of 8 June 1966 on tendering etc.

[38] Statutory Order no. 1017 of 15 December 1993 on organisation of construction sites and similar workplaces. Ministry of Labour.

[39] AB92.（*Normal conditions for work and supply at building and construction enterprises*) Ministry of Housing，10 December 1992.

[40] Barrierer mod udvikling oganvendelse af nye afværgeteknologier（*Barriers to developing and using new remedial technology*). Soil and groundwater project，Danish EPA no. 4，1995.

[41] Erfaringer med in-situ afværgeforanstaltninger（*Experience with in-situ remedial measures*). Soil and groundwater project，Danish EPA no. 7，1995.

[42] DS 415. *Contamination Norms*. Danish Society of Engineers，1984.

[43] Forurenet og renset jord på Sjælland og Lolland Falster. Vejledning i håndtering og bortskaffelse（*Contaminated and treated soil on Zealand and Lolland Falster*). Local Authorities of Frederiksberg and Copenhagen，Counties of Frederiksborg，Roskilde，Storstrøm and West Zealand.

[44] Beckett，G. D，Huntley，D.. Characterisation of Flow Parameters Controlling Soil Vapour Extraction. Groundwater，March-April 1994.

[45] Hinchee，R. E.，Ong. S. K.，Miller，R. N.，Downey，D. C.，Frandt，R. Test Plan and Technical Protocol for a Field Treatability Test for Bioventing. US Air Force Center for Environmental Excellence，Brooks Air Force Base，Texas，USA.

[46] Bioremediation of Contaminated Soil. Working Report Danish EPA no. 4，1995.

[47] Forureningsbekæmpelse med mikroorganismer（*Combating contamination with microorganisms*). Theme Report from the DMU，1996.

[48] Electrokinetic Remediation of Heavy Metal Polluted Soil. Working Report from the Danish EPA no. 67，1994.

[49] Design，indkøring og drift af afværgepumpning（*Design，running in and operation of remedial pumping*). Soil and groundwater project，Danish EPA no. 1，1995.

［50］Udnyttelse og rensning af forurenet grundvand（*Use and treatment of polluted groundwater*）Soil and groundwater project，Danish EPA no. 2，1995.

［51］DS 432. Norms for drainage installations. 2nd edition，1994.

［52］Air sparging from horizontal soil borings. Working Report from the Danish EPA no. 9，1997.

［53］Gillham，R. W. In Situ Reactive Barriers for Plume Control. Diagnosis and Remediation of DNAPL Sites. Waterloo. DNAPL Course. AT V，Vingsted，6-8 May 1996.

［54］Losseplads gas（*Landfill gas*）. Working Report from the Danish EPA no. 69，1993.

［55］Restforureninger under huse.（*Residual contamination under houses*）Soil and groundwater project，Danish EPA no. 22，1996.

［56］L. Ramsay. Stopkriterier for in-situ oprensninger（Stop criteria for in-situ remediation）. Vand og jord 1995.

附　录

附录 1　各工业行业生产状况

相关背景资料如下：

企业类型	参考文献
沥青厂	■ 《焦油/沥青行业污染场地调查指南》（1992）[1] （Sector guidelines for contaminated tar/asphalt sites） ■ Erfaringsopsamlingpå amternes registreringsundersøgelser 附录 5（'Findings from county investigations'）（1988）[2]
汽车修理厂	■ Erfaringsopsamlingpå amternes registreringsundersøgelser（'Findings from county investigations'）（1995）[3] ■ 《汽车修理厂行业场地调查指南》（1997）[4] （Sector description for vehicle repair shops）
染料厂	■ Erfaringsopsamlingpå amternes registreringsundersøgelser（'Findings from county investigations'）（1995）[3]
电镀厂	■ Erfaringsopsamlingpå amternes registreringsundersøgelser（'Findings from county investigations'）（1995）[3] ■ 《工业污染场地》（1988）[2] （Contaminated industrial sites）
制革厂	■ 《制革行业场地调查指南》（1992）[5] （Sectorguidelines for contaminated tannery sites） ■ 《工业污染场地》（1988）[2] （Contaminated industrial sites） ■ 《制革行业概述》（1997）[6] 附录 4（Sector description for tanneries）
煤气厂	■ 《煤气厂污染场地》[7] （Contaminated gas-works sites） ■ 《煤气厂污染场地》（1989）[8] （Contaminated gas-works sites） ■ 《工业污染场地》（1988）[2] （Contaminated industrial sites）
工业油漆店	■ Erfaringsopsamlingpå amternes registreringsundersøgelser（'Findings from county investigations'）（1995）[3]

续表

企业类型	参考文献
金属铸造厂	■ 《金属铸造行业可能造成的环境影响概述》（1992）[9] （Historical description of iron and metal foundries' possible environmental impact） ■ 《工业污染场地》（1988）[2] （Contaminated industrial sites） ■ 《金属铸造行业概述》（1997）[10] ■（Sectordescription for iron and metal foundries）
粮食饲料生产公司	■ 《粮食饲料生产行业可能造成的环境影响概述》（1992）[11] （Historical description of grain and feed companies' possible environmental impact） ■ 《粮食饲料生产行业概述》（1997）[12] （Sector description for grain and feed enterprises）
清漆涂漆厂	■ 《工业污染场地》（1988）[2] （Contaminated industrial sites）
机械厂	■ Erfaringsopsamling på amternes registreringsundersøgelser（'Findings from county investigations'）（1995）[3] ■ 《机械厂行业可能造成的环境影响概述》（1992）[13] （Historical description of the machinery sector's possible environmental impact） ■ 《机械厂行业概述》（1997）[14] （Sector description for metal processing plants）
废品、汽车零件堆放场地等	■ 《废品、汽车零件堆放场地概述》（1997）[15] （Sector description for scrapyards，car breakers and iron and metal recovery enterprises）
塑料制品厂	■ 《塑料制品行业可能造成的环境影响概述》（1992）[16] （Historical description of the plastic sector's possible environmental impact）
干洗店	■ Erfaringsopsamling på amternes registreringsundersøgelser（'Findings from county investigations'）（1995）[3] ■ 《干洗店行业可能造成的环境影响概述》（1992）[17] （Historical description of the dry cleaning sector's possible environmental impact）
油毡纸生产企业	■ 《油毡纸生产行业污染场地调查指南》（1992）[1] （Sector guidelines for contaminated tar/asphalt sites） ■ 《工业污染场地》（1988）[2] 附录 5（Contaminated industrial sites）
打印公司	■ 《打印行业可能造成的环境影响概述》（1992）[18] （Historical description of the printing sector's possible environmental impact）
木材家具生产公司	■ Erfaringsopsamling på amternes registreringsundersøgelser（'Findings from county investigations'）（1995）[19] ■ 《木材家具生产行业可能造成的环境影响概述》（1992）[18] （Historical description of the wood and furniture sector's possible environmental impact）
木材防腐公司	■ 《木材防腐行业污染场地调查指南》（1992）[19] （Sector guidelines for contaminated wood preservation sites） ■ 《工业污染场地》（1988）[2] （Contaminated industrial sites）

续表

企业类型	参考文献
木材防腐公司	■ 《木材防腐行业概述》（1997）[20] 附录 3（Sector description for wood preservation companies）
供热车间	■ 《供热行业概述》（1997）[21] （Sector description for heating plants）
硫化剂工厂	■ 《硫化剂行业可能造成的环境影响概述》（1992）[22] （Historical description of vulcanising plants' possible environmental impact）

参考文献

[1] Sector guidelines for contaminated tar/asphalt sites Guidelines from the Environmental Protection Agency No. 6，1992.

[2] Contaminated industrial sites Report U2 The Landfill Project，1988.

[3] *Erfaringsopsamling på amternes registreringsundersøgelser*（'Findings from county investigations'）Project on soil and groundwater from the Environmental Protection Agency No. 9，1995.

[4] Sector description for vehicle repair plants. Amternes Depotenhed. Teknik & Administration，No. 4，1997.

[5] Sector guidelines for contaminated tannery sites Guidelines from the Environmental Protection Agency No. 5，1992.

[6] Sector description for tanneries. Amternes Depotenhed. Teknik & Administration，No. 5，1997.

[7] Contaminated gas work sites. Meeting，9 October 1996. The committee on groundwater contamination.

[8] Contaminated gas-works sites Report U4 The Landfill Project，1989.

[9] Historical description of Iron and Metal Foundries' possible environmental impact with particular reference to soil and groundwater contamination. Vestsjællands Amtskommune. Teknisk Forvaltning. 1992.

[10] Sector description for iron and metal foundries. Amternes Depotenhed. Teknik & Administration，No. 6，1997.

[11] Historical description of Grain and Feedcompanies' possible environmental impact-with particular reference to soil and groundwater contamination. Vestsjællands Amtskommune. Teknisk Forvaltning. 1992.

[12] Sector description for grain and feed companies. Amternes Depotenhed. Teknik & Administration，No. 7，1997.

[13] Historical description of the Machinery sector's possible environmental impact-with particular reference to soil and groundwater contamination. Vestsjællands Amtskommune. Teknisk Forvaltning. 1992.

[14] Sector description for metal processing plants. Amternes Depotenhed. Teknik & Administration，

No. 8，1997.

[15] Sector description for Scrapyards，car breakers，and metal recovery companies. Amternes Depotenhed. Teknik & Administration，No. 9，1997.

[16] Historical description of the Plastic sector's possible environmental impact-with particular reference to soil and groundwater contamination. Vestsjællands Amtskommune. Teknisk Forvaltning. 1992.

[17] Historical description of the Dry Cleaning sector's possible environmental impact-with particular reference to soil and groundwater contamination. Vestsjællands Amtskommune. Teknisk Forvaltning. 1992.

[18] Historical description of the Wood and Furniture sector's possible environmental impact-with particular reference to soil and groundwater contamination. Vestsjællands Amtskommune. Teknisk Forvaltning. 1992.

[19] Sector guidelines for contaminated wood preservation sites. Guidelines from the Environmental Protection Agency No. 4，1992.

[20] Sector description for wood preservation companies. Amternes Depotenhed. Teknik & Administration，No. 10，1997.

[21] Sector description for heating plants. Amternes Depotenhed. Teknik & Administration，No. 11，1997.

[22] Historical description of Vulcanisation plants' possible environmental impact-with particular reference to soil and groundwater contamination. Vestsjællands Amtskommune. Teknisk Forvaltning. 1992.

附录 2　场地踏勘准备资料清单

使用大比例尺的场地规划图/地图（如 1∶200），并且要拍摄现场照片。

设施/生产活动	内容
现场方案	场地范围和坐标是否精确
场地使用现状	建筑物、生产活动、清洗装置、仓库等
场地使用历史	其他建筑物（如果有）
相邻场地使用情况	建筑物、生产活动、仓库等
通风设备接管/法兰盘	数量、位置
罐体/覆盖物	位置 罐体编号 罐底基准面 体积/直径 连接处的溢出量 产品 容器中的产品量
石油/汽油分离器	现状/位置
污水和排水	位置、污染标识
泵岛/其他设备	位置、污染标识 寻找混凝土或其他类型地基（每台设备）
其他污染标识	颜色 气味 植被损害
建筑物	建设/现状 地下室 地基 清洗室 油印标识等
地面铺设	类型 已损坏/新铺沥青标识 沥青下方混凝土 现场工作是否需要地面破碎
通道	单坡屋顶和棚屋 门和围墙 仓库 树、灌木等 空中线缆等

续表

设施/生产活动	内容
地形	地表、浅层含水层流向 地形变化情况
附近地表受纳水体	表层是否存在油膜
其他信息	与场地所有者开展人员访谈等

附录 3　钻孔和建井工作说明

本附录描述了如何在污染调查工作中开展钻孔和建井工作，包括钻孔、筛管安装、建井材料充填。要点如下：

- 钻孔。
- 维护记录。
- 筛管安装。
- 充填填料。
- 测量和校准。

土壤样品采集和地下水样品采集分别详见附录 4 和附录 5。钻孔工作必须满足本附录要求。因此，本附录可作为钻孔和建井项目招标的基本要求。此外，需要根据各场地环境调查目的和场地特点制定其他要求。

地下水监测井建井的 4 号法令（1980 年 1 月 4 日）明确规定了钻孔、废弃、建井、标识等内容。根据该法令，需在 3 个月内通知 GEUS，确认所完成的钻孔、建井工作是否符合要求。

“定位钻孔”是指用于确认和描述地表土层和浅层含水层污染状况的土壤钻孔工作。类似钻孔通常用于初期调查工作。

土壤钻孔较浅时（1～2m）可采用手工方法，使用柱孔钻或扁钻（荷兰钻孔设备）。另外，较浅的土壤钻孔通常使用直形螺旋钻或勺钻作为钻孔工具。如果地质条件允许，浅层手工采样能够获得适量的特定深度土壤样品（钻至约 3m 深、地下水位以上），钻孔时可不使用套管。

一般而言，钻孔尺寸是不固定的。尺寸的选择应该符合筛管尺寸要求，包括砾石过滤层。通常，直径 63mm（50mm）筛管用于 6″钻孔，而且直径仅 25mm 的筛管能够用于 4″钻孔。如果筛管被安装在实际地下水含水层中，监测井套管应被灌入膨润土，尤其在低渗透土壤层位置。附图 3.1 是筛管安装示例。

如果钻孔深度没有超过 3～4m 或没有钻穿多个地下水含水层，浅层土壤钻孔可以使用钻出物质进行回填。

相较于浅层钻孔，场地调查阶段的钻孔更深，目的是获得符合要求的样品（如土壤、水或土水复合物），钻孔均需使用套管。使用套管能够避免不同土层间的交叉污染，同时也是地下水位下钻孔的需要。

通常使用螺旋钻钻孔，但对于低于地下水位的非黏性土壤（如砂、碎石），采集样品则需要使用顿钻法。当使用顿钻工具时，通常需要往孔内加水。需要注意这一步与后续水样采集的相关性，孔内积水的排除对于能否获得具有代表性的地下水样品是十分重要的。

对于不需要采集土壤样品或者对于不完善的地层质量和/或地层数量资料可接受等情况，可以采用其他钻孔技术，包括钻机井或使用中空螺旋钻钻孔。深层钻孔位置不能位于场地中污染最重的（热点）区域。

土壤调查钻孔的一个主要目的是确保在较长周期内能够通过筛选采集到特定深度的地下水样品。因此，需要根据预设筛选装置确定土壤钻孔尺寸，而筛管的大小取决于土壤钻孔的目的。典型的筛管尺寸和最大取水量见附表 3.1。

附表 3.1　推荐筛管尺寸一览表

目标	筛管最小直径（mm）
实地测量或真空泵采样等	25（内径 21.5）
用最小号潜水泵采样（最大取水量约 $2m^3/h$）	63（内径 52）
用较小号潜水泵采样（最大取水量约 $15m^3/h$）	110（内径 99.4）
用较大号潜水泵采样（最大取水量 15～$40m^3/h$）	160（内径 149）
用更大号潜水泵采样（最大取水量 40～$80m^3/h$）	225（内径 203）
用最大号潜水泵采样（最大取水量 40～$80m^3/h$）	315（内径 285）

根据常用潜水泵型号（如 GRUNDFOS 型）确定以上参数。需要注意的是，不同泵具有不同尺寸，其水头会影响泵的取水量。

附表 3.2 是钻孔尺寸和筛管尺寸的相关关系。筛管尺寸不应超过推荐值，否则会导致砂石过滤层和灌浆填充不充分。

必须在地面上设置带帽的混凝土套管或设置排水井以保护钻孔。深层含水层地下水井必须配备可锁的封帽或盖子。

附表 3.2　筛管尺寸推荐值一览表

钻孔直径（mm）	筛管直径（mm）
4″ = 100	25（50）
6″ = 150	63（90）
8″ = 200	110（125）
10″ = 250	160（140）
12″ = 300	200（160，225）
16″ = 400	250（315）

注：括号内为可供选择的其他尺寸

“井”所定义的钻孔结构与供水井相关。这些钻孔的主要目标是从地下水含水层中泵出地下水，而这些钻孔内取出的土壤样品仅用于地质分析，也仅有在钻孔确定存在污染时才会进行样品检测。类似钻孔主要用于地下水监测，有时也用于抽提修复。除了修复用途的钻孔，井不能设置在场地污染最重的区域。

当在污染场地外设置控制井时，可自由选择钻孔方法。这就意味着旋转钻井或空气钻井（如 Odex 钻井）都可以考虑。这些方法对于处理如碳酸盐沉积态的硬石有一定优势[1]。当采用旋转钻井时，会向钻孔内加入钻井液，需要对钻井液的化学成分进行检测。在采集水样前洗井以去除钻井液也尤其重要。旋转钻井只能用于污染场地外。

钻孔尺寸的选择需要依据选定的筛管尺寸。对于这些类型的钻孔，需要选择相对较大尺寸的筛管，如 160mm、200mm 或 250mm，见附表 3.2。

钻孔必须有混凝土保护套，这是最起码的保护措施。事实证明，建设一口干井或者在地下水位处建隔水板是十分必要的。当井深低于地下水含水层时，必须向 GEUS 进行报告。附表 3.3 汇总了几种推荐的钻孔方法。

附表 3.3　推荐的钻孔方法

	土壤定位钻孔	调查钻孔	井
螺丝钻法	×	×	×
顿钻法		×	×
电测钻孔法	×	×	
中空钻法	×	×	
驱动土壤钻孔法	×		
空气钻孔法			×
旋转钻孔法			×

钻孔过程中需记录以下信息：

- 场地名称、土壤钻孔编号、日期。
- 钻孔方法。
- 初始土壤类型评估/分类。
- 污染标记（变色、气味）。
- 土层边界。
- 采样深度。
- 钻进深度。
- 筛管装置。
- 灌浆。

● 水位观测。

筛管安装按比例制图的形式进行描述。土壤钻孔过程中水位观测需要确定一个固定的测量点，以确保后期可以再次发现和使用。

一般而言，螺纹 PEH 或 PVC 管被用于水位观测和筛管。螺纹有助于无油管道连接。

采用包裹有碎石的开缝管进行筛管安装。在筛管安装过程中，可放置一定长度的框用于收集细颗粒材料——淤泥盒子。

必须用 PVC 或木塞（非压力浸渍木头）封住筛管底部。

考虑到套管周围可能发生阻塞，穿透石灰石或其他硬质岩的土壤钻孔必须安装筛管。筛管必须设置在靠近含水层位置，且应该只代表一个地下水含水层。

筛管可包含整个或部分含水层。使用短筛管时，可获得低稀释度和更多的特定深度样品。但这种方法意味着不同深度都要布设筛管，因此需要采集更多的样品用于分析。在没有真正含水层地区的钻孔，从钻孔底部往上 1～2m 安装筛管。

对于不确定地下水位的筛管，筛管上端应位于水位以上，以便记录油或其他漂浮在水面上的类似物质，同时应考虑水位波动的影响。筛管必须包裹有干净的石英砂。必须仔细监督沙砾装填过程，以确保筛管和土壤壁之间所有的空隙都进行了填充。监测时必须保证沙砾填充上方是坚硬的，以便在筛管上方的井管和钻孔壁间的环形区域进行必要的灌浆。

安装筛管时，必须选择符合筛管开缝和粒度大小的筛管材料。应在水循环过程中进行砂砾包裹层的安装，可保证最优的筛管砂砾包裹效果。砂砾包裹层应安装到筛管上方至少 0.5m 处，以避免膨润土堵塞筛管。同样地，对最上方 0.5m，最好选用精细级别的筛管砂。一旦完工后，必须将土孔泵洗干净，以获得最优效果。

在一些特定情况下，在土壤钻孔和筛管安装过程中需要加入水，这对土壤钻孔质量、筛管安装和灌浆的质量都很重要。在钻孔和筛管安装过程中必须使用未受污染的自来水。

井管套管灌浆的目的是防止土壤钻孔导致的不经意的污染扩散。如果黏土层上层的污染土层被钻透，使用膨润土在黏土层进行灌浆是十分重要的。必须始终注意到土壤钻孔过程中天然隔层（如分层的形成）会被破坏。在整个钻孔长度范围内没有筛管的地方都需要采用膨润土灌浆的方式来对隔层进行修复，膨润土可以是粉状或者粒状。用“黏土球”灌浆是无法满足要求的。

粒状膨润土必须实时加入水中。因此，如果在水位以上使用膨润土颗粒，必须在井管套管和土壤钻孔壁之间加水。可以选用粉状膨润土，在混合容器中将其搅拌至糊状黏稠度的膨润土泥浆。

当在地面灌浆时，可从地面倒入膨润土。当在较深处或水平面下灌浆时，流动态的膨润土必须通过一个管道（观测管）向下引入或用特殊泵将其泵入。大多数情况下，选用粒状膨润土，可能是膨胀的膨润土。粒状膨润土能够便于在灌浆过程中较简单地获得其位置和厚度的测量数据。另外，使用流动态的膨润土能够在钻孔和套管间获得更好的连接[2]。

灌浆位置取决于水文地质条件。附图 3.1～附图 3.4 显示的是 4 种典型地质条件下正确的灌浆位置示意图。对于浅层调查土壤钻孔，可以将挖出的材料进行回填（保证最少有 1m 密封住）。这仅适用于浅层土壤钻孔，因为表层土层和靠近地表的地下水含水层已经进行了土壤钻孔，如果该土层已经受到污染，取出的材料回填不会增加任何污染。如果表层土层没有受到污染，回填物同样没有污染。

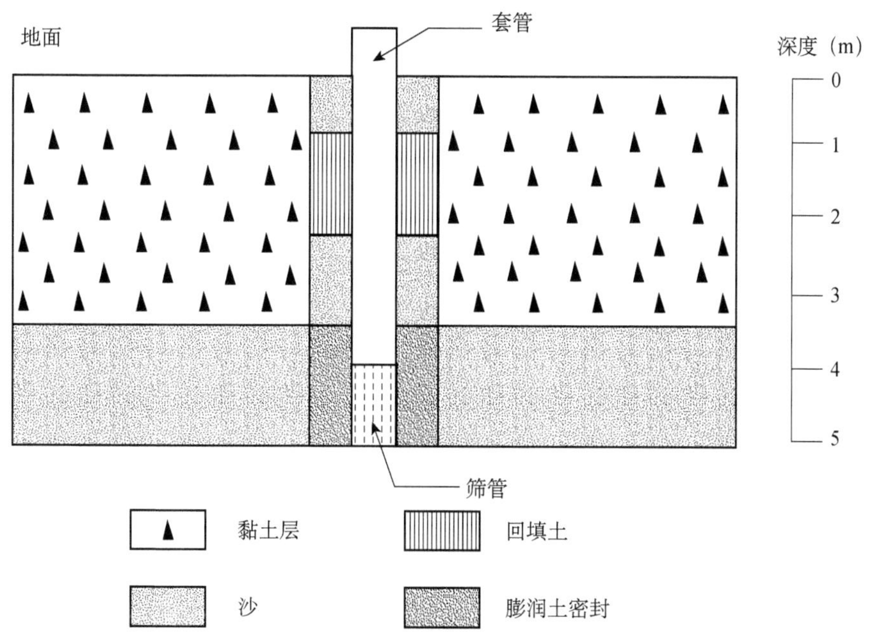

附图 3.1 带有筛管的钻孔密封示意图

在污染场地进行土壤钻孔时，应当考虑取出材料的处置问题。无论污染程度大小，都不能把取出材料遗留在调查场地现场。

由于污染土壤处置较为昂贵，在钻孔过程中，将未受污染的土壤与已经视为受到污染的土壤分开。在钻孔时将各土壤钻孔中取出的土壤单独放置是有益的，目的是便于后续对污染土壤和未受污染土壤进行分离。如果对于土壤是否受到污染存在疑问，应当将其视为受到污染并进行相应的处置。

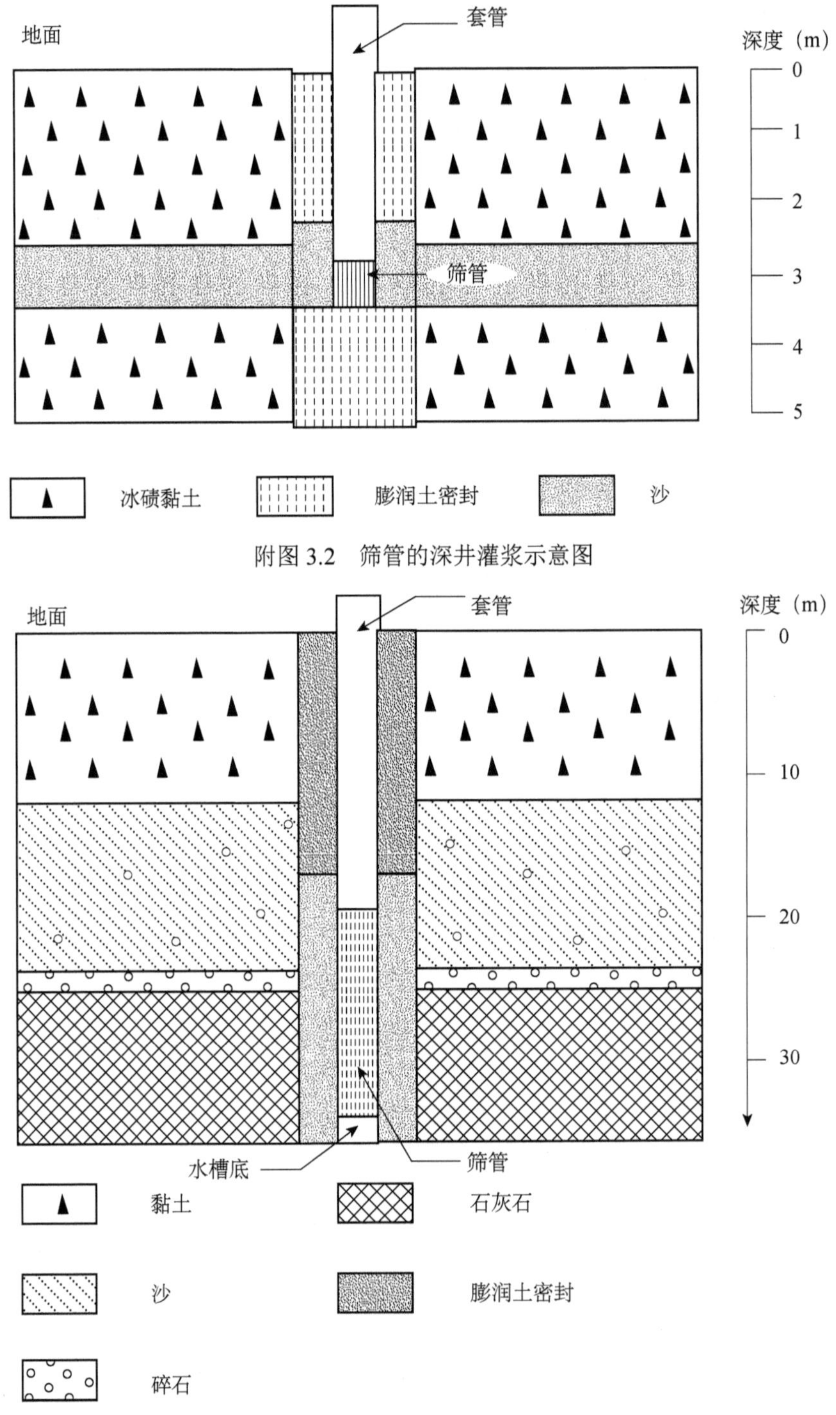

附图 3.2　筛管的深井灌浆示意图

附图 3.3　由调查井向深层含水层灌浆（覆盖的砾石层与石灰岩间存在水力联系）

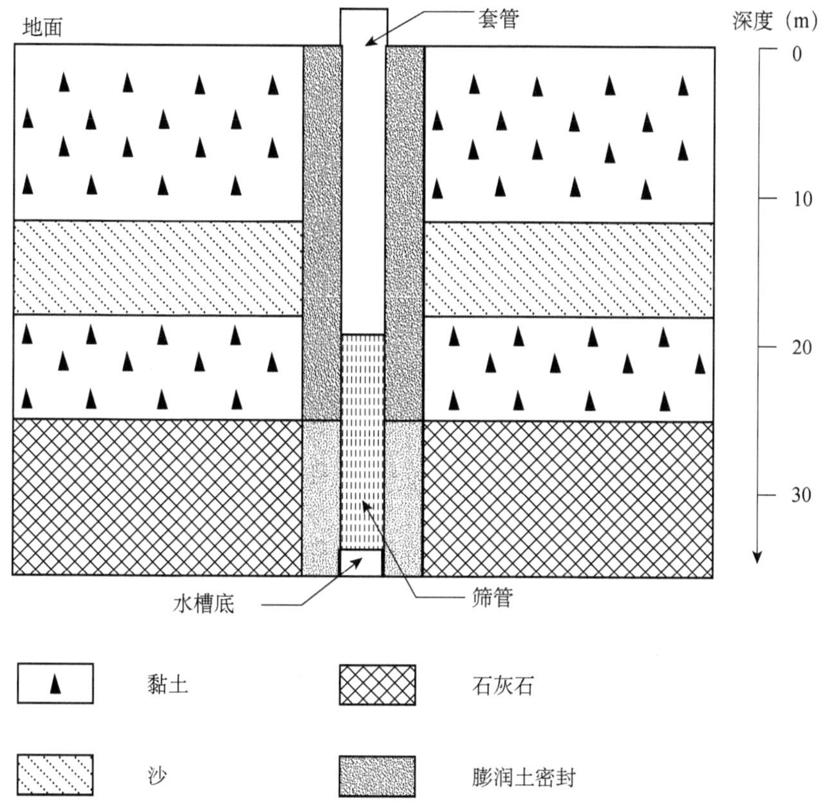

附图 3.4 由深的调查土壤钻孔/井向深层含水层灌浆（深层含水层和接近地表的含水层是相对隔开的）

未受污染的土壤可以被堆放至填埋场。但污染土壤必须进入中央处理工厂进行处置。因此，需要等待土壤检测分析结果以确定土壤处置方式。

需将所有土壤钻孔标记在一张图上，同时，所有安装筛管的土壤钻孔需要标记在同一水平面上。可以根据建筑物或坐标系统标记钻孔。少数情况下，可能需要基于相对基准系统来定位钻孔。在这种情况下，使用一个可检索的相对参照点，该参照点被分配已知数+180，以防止对这是一个相对或绝对数据而产生质疑。以地面标高、精度为 0.1m 来设置水平测量数据，观测点的精度为 0.01m（这个应该是相对于井管最高点的，以避免混淆）。如果井管被截断，在测量点处做好标记。

所有钻孔在不再使用时必须进行安全废弃。对废弃的钻孔进行报废和灌浆时，应遵照环境和能源部 1980 年 1 月颁布的 4 号法定指令 S.15 中的相关工作指南[3]。钻孔所有人对钻孔报废程序负责。

参考文献

［1］Hvam，T. Markundersøgelsesmetoder（‘Field Investigation Methods’）. DGF-bulletin 5，September 1990.

［2］Baumann，J. Kvalitetssoil boringer（‘Quality Soil borings’）. Geologisk Nyt 4/1996.

［3］Bekendtgørelse nr. 4 af 4. januar 1980 om udførelse af soil boringer efter grundvand（‘Statutory Order No 4，4th of January 1980 on executing soil borings for groundwater’.）The Ministry of Environment and Energy.

附录 4　土壤钻孔采样

对于地质测量，每隔 50cm 采集一份代表性的土壤样品，然而每个土层必须至少采集一份样品。当调查土壤表层（0～0.5m）时，需要采集靠近地表的样品。

一般地，每隔 50cm 采集一份土壤样品足以满足对于地质特性和 PID 测量的要求。根据地质特性和 PID 测量结果选择样品进行化学分析。附录 11 是关于地质特性的相关描述。

然而，有时需要在更小的间隔内采集土壤样品。与在土壤中固定较强的污染物（如重金属）相关时，需要在预计存在污染的土壤层附近以更小的间隔采集土壤样品，在被污染地层应采用更小的采样间距。当与油类污染相关时，需要在地下水位附近采集样品。

从短管螺旋钻或柱孔螺旋钻中采集搅拌土壤样品。为了防止交叉污染，必须用干净泥铲或刮刀移除外围几厘米的土壤，用泥铲、刮刀或中空采样器取出土壤样品，直接放入样品容器中。有时为了获得完好无损的最优土壤样品或防止挥发性污染物挥发，可使用中空取样器取出完整的土壤样品。根据土壤工程要求[1]，土壤钻孔清洁完毕后，用中空取样器从土壤钻孔底部采集土壤样品。

一般而言，化学分析需要 50g 土壤，地质特性分析需要 200～300g 土壤。实验室根据分析所需样品量从来样中获得测试样品。

对已经被提取用于地质分析的土壤样品没有特殊的包装要求。例如，塑料袋的使用比较普遍。用于化学分析的样品必须进行一定程度的包装，以确保在运输和暂存过程中样品的变化最小。用于挥发性物质分析的土壤样品需要密封包装。附表 4.1 为不同类型的样品包装方式。应使土壤样品充分填满包装，避免在样品上方存有空气。这样做是为了使土壤样品中挥发性物质的损失最小化[2]。最实用的方式是由样品分析实验室提供用于挥发性物质分析的试管。

附表 4.1　样品包装与保存[3]

物质种类	包装	运输和保存	保存期
挥发性/可降解物质 石油产品+苯乙烯 除重油 氯化试剂 水溶试剂	红盖隔膜罐/聚四氟乙烯盖和不锈钢管身的杜兰罐	冷藏，4℃	最多 24h

续表

物质种类	包装	运输和保存	保存期
易降解/不稳定物质 酚类 水银 铬（Ⅵ） 氰化物	遮光玻璃容器，如红盖隔膜罐/杜兰罐，棕色瓶	避光冷藏，4℃	24～48h
稳定物质 重金属（Pb、Cr、Cu、Ni、As、Cd、Zn） 邻苯二甲酸酯 重油 旧焦油/沥青 PAH DDT	棕色瓶 尼龙袋	无特殊要求， 宜避光冷藏	1个月

附表4.1显示了不同类型物质的包装形式、储存方式和样品保存期。样品必须尽快送到实验室。送达前，样品应尽可能避光和冷藏（大约4℃）保存（样品不能冷冻，这样可能会导致凝固点低于水的物质损失）。储罐必须保持密封。

当需要使用PID进行分析时，需要采集额外的一套样品。可以用尼龙纤维袋包装样品，以防止污染扩散。样品的PID测试指南见附录9。土壤样品的处置与其他取出材料采用相同的条件。

参考文献

[1] Tage Hvam. Markundersøgelsesmetoder-mekaniske.（‘Field Investigation Methods-Mechanical’）DGF-bulletin 5，September 1990.

[2] Jordprøvetagning på forurenede grunde，strategier，metoder og håndtering. Lossepladsprojektet.（‘Soil Sampling at Contaminated Sites；Strategies and Methods. The Landfill Project’）Report U8，April 1991.

[3] Vejledning om prøvetagning og analyse af jord（‘Guidelines on Soil Sampling and Analysis’）. Draft for Guidelines，1997，the Environmental Protection Agency.

附录5　水 样 采 集

采样的目的是从经参数确认后安装的筛管中获得某一含水层的代表性水样。

通常从已安装筛管的钻孔中收集水样。对于本地的钻孔，通常只在上层饱和区安装了筛管，使用的筛管直径可能是 63mm 或 25mm。筛管的安装取决于水文地质条件和钻孔的特定目标，详见附录 3。

需要区分监测井建井清洗和为去除滞水而进行的清洗。井应当快速完工，以保证良好性能。井还可用于分段式抽水试验，详见 4.2.4 节和参考文献［1］。

采样过程包括 3 个阶段：

- 清洗。
- 采样。
- 样品保存。

调查监测井内的地下水与空气接触，这意味着井内水，如温度、氧气和二氧化碳水平，与含水层中的存在显著差异。由于化学和生物活动，这些差异可能会造成含水层和井内水中污染物含量的差别。除此之外，井内水中挥发性化合物也已经挥发。必须去除井内滞水以确保采集的水样能尽可能地代表地下水含水层。

潜水泵或抽吸泵都可用来去除滞水。泵可以分为以下几种类型：

（1）抽吸泵

- 离心真空泵。
- 蠕动泵（管式泵）。
- 真空泵。

（2）潜水泵

- 离心泵（如格兰富潜水泵）。
- 正压泵，如真空泵。
- 隔膜泵。
- 活塞泵。
- 齿轮泵。
- 叶轮泵。

真空泵和蠕动泵可用在筛管直径不超过 125mm、地下水位距地平面最大深度 6～7m 的情况下。水通常经由 10～15mm 的聚乙烯（PE）管采集。使用真空泵时，为避免不同井间污染物的转换（交叉污染），通常使用一次性的采样管路。

隔膜泵可用于筛管直径小于 125mm 的低水量井。一般地，使用 10～15mm 的 PE 管或特氟龙管采样。特氟龙管常和隔膜泵一同使用，不是一次性设备。在这种情况下，当用于不同井时，必须用干净的水完全冲洗管路。

离心潜水泵的采样管路直径为 63mm 及以上。管路有一定的直径范围，从最小型潜水泵的 12mm PE（PEL）管到大型潜水泵的 2″管[2]。

对于每一口井，潜水泵在使用前都必须进行适当地清洗。最好的做法是用泵抽干净的水并且清洗外部，通常也会因此根据污染类型和污染程度使用干净的水。具体取决于尺寸大小，采样管路通常为一次性设备。推荐使用 PE 管（PEL 管）[2]。

水量多的井可以采用主泵，可通过以下方式进行：

● 对于主泵，应该使水经过一台电导仪。当电导率稳定且为常数时，水为新鲜的含水层水，而不是来自筛管和沙砾包裹的水（管外环水）。不管怎样，必须泵出筛管和套管 10 倍体积的水量。

对于水量少的井，可以通过以下方式清除滞水：

● 如果在泵吸完成前井已被抽干，该井应该被抽干 1～4 次。

● 在泵吸过程中，泵的吸入口在水柱顶部和底部之间变化。这样可以显著地确保去除水面、筛管底部及更新过套管外围的水中的杂质。

采样的目的是通过井从含水层中采集水样。在清除完滞水后应立即进行采样。在这一阶段，有 3 个因素特别重要。

● 设备不能做出假阳性结果（交叉污染）。

● 设备不能由吸附或吸收物质的材料组成。

● 使用方法不能对样品污染物浓度产生影响。

当使用真空泵和蠕动泵采集水样时，采样容器被放置在井和泵之间，这样采集的水不会与泵发生接触。对于空气泵和隔膜泵，水样是直接通过采样管被压入样品瓶中。对于潜水泵，水样是直接通过泵然后经过采样管进入样品瓶。

对于每批次新的采样管，对其中一个采样管进行常规分析是有益的，这样可以判断这些样品管是否会释放一些不希望出现的物质（如果释放了，检测其是何种物质）。

特定水位的水样可以通过以下方式进行采集：

● 电测井。

● MPS。

● 被封隔器和密封套管隔离的筛管。

● 在形成水流的长筛管区域可采用热脉冲流量计控制的泵。

除此之外，也可通过管井和锥体贯入度试验等方式提取水样。

当从采样容器中取出样品时，应避免将样品溅到容器内，这会造成样品中挥发性物质的大量损失。

采样管中可能发生水体污染物的吸附。可以通过尽可能地缩短样品在采样管内的停留时间和使用可完全避免吸附的特氟龙管来使类似影响最小化。

用于样品储存和运输至实验室的包装必须确保样品尽可能不发生变化。由实验室提供干净的样品容器。用于有机参数分析的样品应保存在密封玻璃容器中。用于无机参数分析（如重金属）的样品多保存在塑料瓶中。对于一些特定分析参数，实验室应根据分析要求提供经过针对性清洁的或含有用于现场保存样品的液体的容器。

水样应避光冷藏（4℃）保存。根据样品分析参数，尽可能减少采样与分析之间的时间间隔。样品必须在采集当天送到实验室进行分析。根据实验室安排，确定现场是否需要将水样完全充满样品瓶，是否需要进行样品保存或筛查。

参考文献

[1] Bekendtgørelse nr. 4 af 4. januar 1990 om udføring af boringer efter grundvand（'Statutory Order No. 4 of 4 January 1990 on the execution of soil borings for groundwater'）. Ministry of Environment and Energy.

[2] Grundvandsprøvetagning og feltmåling（'Groundwater Sampling and Field Testing'）. Report U3，April 1989. The Landfill Project.

附录 6　土壤气测量

土壤气检测是用于测量土壤孔隙中的空气。通过向土壤中填塞或压入中空探头来抽取少量气体的方式进行土壤气检测，对采集的气体进行分析。

测量原理如附图 6.1 所示。钻头可以通过手动方式（如使用榔头或铜锤）或机械方式（如使用冲击锤）向下钻进，如果需要可以先进行试钻。或者可以采用液压方法将钻头压入地面下。在钻头压入后，轻轻地将钻头往上拔。由此得到的空洞使得从土壤中泵出气体成为可能。

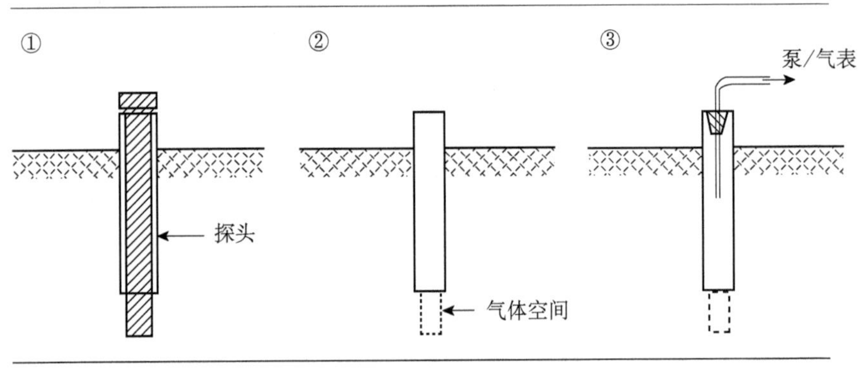

附图 6.1　土壤气测量原理

注：①将探头钻入指定深度，如使用活塞杆；②轻轻地将探头拉出约 10cm；③测量系统安装在探头头部，以抽出土壤气

土壤气测量深度由进气口深度决定，通常与钻进深度相关。常规的土壤气测量深度在地面下 0.5～5.0m。为了评估室外空气的脱气作用，需要在靠近地表的污染层顶部进行测量，但测量深度不应小于地面下 0.5m。

当采集用于室内空气评估的样品时，应直接采集地面下的气体样品。

在密实土壤中采样时，土壤气测量仅代表很少量的土壤，无法通过测量得到更深层土壤的污染情况。

所有与土壤气样品直接接触的采样设备必须是由不吸收或不释放化学物质的材料构成的；释放到土壤气中一定量的化学物质是能够被检测到的。

对于探头，可以使用从黑色塑料水管到定制的不锈钢管等不同材料。探头必须能够承受钻进压力，必须是由能够在使用后清洗或是足够便宜、使用后可直接废弃的材料制备的。

所使用的管路应该是由特氟龙或聚乙烯（PE）制备而成的。

使用真空泵抽取空气样品。如果在泵后某点采样就结束了，如使用泰德拉气体采样袋，则需使用无油隔膜泵进行采样。

将压力计与泵相连接，以测量泵吸过程中系统内的负压。如果负压过高，可能是探头位置发生了气体泄漏。

开始采样前需要先清除积水，泵出 5 倍于土壤中空洞体积的空气。

可以通过多种方式采集实际土壤气样品，这取决于所需测量的参数和选用的分析方法，例如：

- 利用注射器通过管路中的探针提取，然后立即将样品注入便携式气相色谱仪中。
- 用泰德拉气体采样袋采集样品，这样既可用便携式气相色谱仪在现场进行分析，也可带回实验室进行分析。运输时间必须短，因为采样袋并非完全不透气。
- 用液体或用吸附管路收集，如碳采样管，然后送至实验室进行分析。

采样期间应避免错误的气体来源，如由于渗滤（包括探头漏气）导致室外空气的渗入。

当采集样品到液体或试管中时，同样必须记录采集的气体量。为此，可以使用气量计或流量计，并记录采样时间。要求使用恒定流速的流量计。气量计和流量计都必须安装在泵的后面。

当用碳采样管采集样品时，必须保持管身垂直，以防止管路在管内形成气道。此外，如果流量（吸力）太大，会导致大部分挥发性组分解吸。然而，当在采样管的控制区也发现这些物质时，一般需要在分析中进行记录。采样流量通常控制在 250～1000mL/min。

当采用碳采样管采集样品时，采样时间会稍微长于其他方法，但可以获得更低的检测限。

来自探头、管路、注射器、采样袋和泵中的物质都可能污染样品。为了防止由探头导致的交叉污染，需要携带充足的探头，避免同一天内两次使用同一根探头。用过的探头使用气流冲刷或蒸汽进行清洗。

注射器以 150℃ 热处理至少 1h 的方式进行清洁。随后选取其中一个注射器，向其注入清洁空气后接入气相色谱仪检验清洁效果。通过长时间泵吸清洁空气来清洁管路和泵，而中度污染的泰德拉气体采样袋可通过反复清空进行清洁。管路、泵和采样袋的清洗过程是通过后续清洁空气的收集和分析进行检验的。

附录 7　填埋气简介

本附录包含关于填埋气相关主题的简要介绍。更多信息详见丹麦环保署第 69 号报告[1]。

有机废物通过化学过程降解产生气体，主要生成甲烷和二氧化碳。除此之外，产生其他多种无机气体和有机蒸汽。所有这些生成的气体统称为填埋气。降解过程相关细节见第 84 号 Miljøprojekt（环境项目）[2]。甲烷产量取决于实际条件，如在最佳降解条件下，10m 深填埋场地会在 15～30 年完成大部分降解。在不良条件下，降解可能会持续超过 100 年。

产气速率通常取决于废物的可降解程度。填埋场通常包括无机废物填埋区域，或包括大量已完全降解废物区域，这些区域已经停止产气。附录 13 描述了一个用于评估产气速率的经验模型。

填埋气主要由甲烷和二氧化碳组成，两者均为无味。除此之外，填埋气在某些情况下也可能含有少量其他有气味的物质。

两种主要填埋气的特性如附表 7.1 所示。

附表 7.1　两种主要填埋气的特性

甲烷	二氧化碳
无色	无色
无味	无味
比室外空气轻	比室外空气重
微溶于水	易溶于水
无毒	呼吸气体成分
易燃易爆	高浓度下使人窒息

降解减少了废物体积，导致地面下陷。这可能导致场地内相关建筑物地基和排水系统出现破损与裂缝。

生成的气体导致填埋场内部气压大于大气压，使得填埋气向上逸出填埋场地后被室外空气稀释。气体释放与气象条件有关，尤其是气压变化。气体传输可通过扩散和对流的方式发生。

当产气区域被沥青和建筑物覆盖或其表面由于其他原因被封住时（如长时间降水或严重霜冻），气体释放将会受阻。因而会形成气囊，这些气体会通过地板和地基裂缝渗透进入建筑物内，或通过天然砂层和砾石层或管道等泄漏。

甲烷在 5%～15%体积比下是可燃的，这被叫作它的爆炸下限和爆炸上限。超过爆炸下限的甲烷气体混合物在与室外空气混合后会构成爆炸威胁。如果甲烷进入污水系统、房屋下空洞等区域，可能带来爆炸危险。

二氧化碳可能会对人体构成危害，其在 4%～7%体积比下会使人失去意识，更高浓度能够致死。由于根系区域氧气不足或直接的毒性效应，填埋气还可能使花园和户外植物出现异常生长现象。

参考文献

[1] Lossepladsgas（‘Landfill Gas’）. Report No. 69. The Environmental Protection Agency，1993.

[2] Alternativ lossepladsteknologi. En litteraturgennemgang（‘Alternative landfill technology. A review of literature on the subject’）. Environmental Project No. 84. The Environmental Protection Agency，1987.

附录 8　填埋气测量

土壤气测量是指土壤或废物中的空气测量。从临时探头或固定测量点处抽取空气。探头通过手工或机械方式进行钻进，如有需要应先进行试钻。

测量深度由探头深度或测量点进气口深度决定。通常在地面下 0.5～5.0m 范围内，取决于填埋场位置和调查目的。遇到需检验挥发进入室外空气的气体时，应在靠近地表位置、地面下 0.5～1m 处进行测量。当需要对现有建筑物内室内空气评估采样时，应直接在地面下进行采样。

与土壤有机和无机蒸汽的土壤气测量不同，填埋气测量对探头、管路和相关配件的材质没有特殊要求。

探头钻入原理如附图 8.1 所示, 附图 8.2 为固定测量点的设计方案。

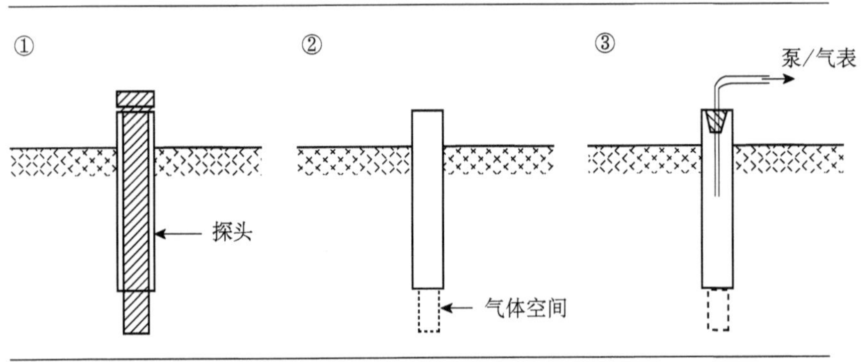

附图 8.1　探头钻入原理

注：①②③代表含义同附图 6.1

测量气体时，采用便携式测量仪器测定甲烷、二氧化碳和氧气浓度。推荐采用红外吸收法测量甲烷和二氧化碳浓度，采用电化学电池测定氧气浓度。关于其他类型仪器的描述见丹麦环保署第 69 号报告[1]。

如果连续记录气体浓度，应避免持续抽吸土壤气，因为这可能妨碍废物腔室内气体的生成。可通过多种方式避免持续抽气，如设置仪器按时间间隔抽取外部空气和土壤气。当抽吸土壤气时，在数据记录器上记录气体测量结果。

如果在某一测量点检测到填埋气，则需要测量土壤气气压。类似压力测量结果表明高于大气压的压力是由填埋气组分导致的。可以使用加液的 U 形管压力测量仪进行压力测量。

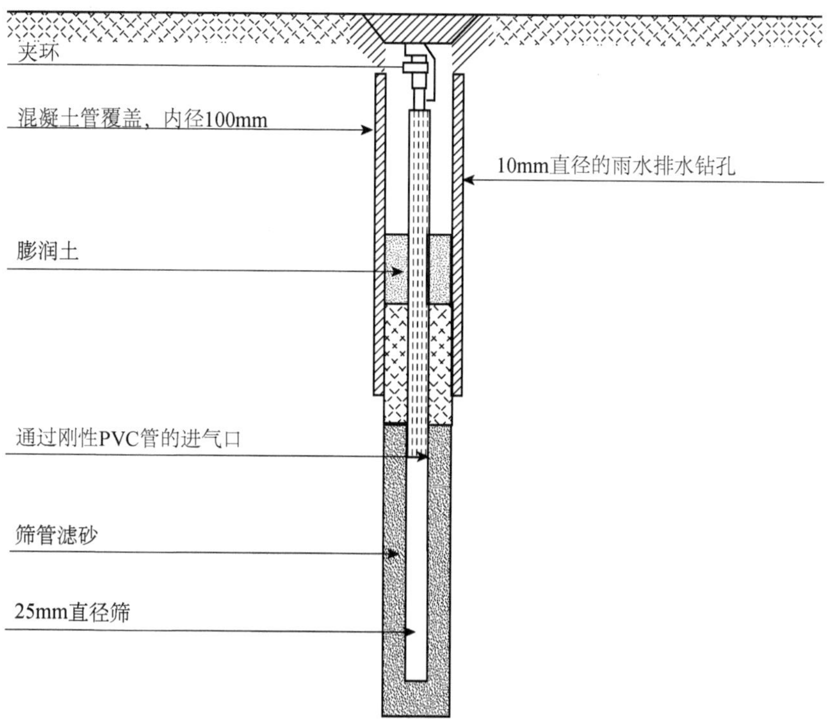

附图 8.2 固定测量点设计方案

当对填埋气进行监控时，应将气体浓度与气象条件关联起来。可以从丹麦气象研究所（DMI）获取距场地最近的监测站的气象数据，详细记录有观测大气压（每 3h 记录一次）、日降水量和地面温度等数据。

参考文献

[1] Lossepladsgas（'Landfill Gas'）. Working report from the Environmental Protection Agency. No. 69，1993.

附录 9　分析方法[1]

<table>
<tr><th>分析参数</th><th>现场检测方法</th><th>实验室筛测方法</th><th>实验室具体检测方法</th></tr>
<tr><td colspan="4">微量元素</td></tr>
<tr><td>砷</td><td>EDXRF</td><td>EDXRF/ICP</td><td>石墨炉 AAS/ICP</td></tr>
<tr><td>铅</td><td>EDXRF</td><td>EDXRF/ICP</td><td>火焰 AAS/ICP</td></tr>
<tr><td>镉</td><td>无</td><td>ICP</td><td>石墨炉 AAS/ICP</td></tr>
<tr><td>铬</td><td>EDXRF</td><td>EDXRF/ICP</td><td>火焰 AAS/ICP</td></tr>
<tr><td>铜</td><td>EDXRF</td><td>EDXRF/ICP</td><td>火焰 AAS/ICP</td></tr>
<tr><td>汞</td><td></td><td>ICP</td><td>冷蒸汽 AAS/ICP</td></tr>
<tr><td>钼</td><td></td><td>EDXRF/ICP</td><td>石墨炉 AAS/ICP</td></tr>
<tr><td>镍</td><td>EDXRF</td><td>EDXRF/ICP</td><td>石墨炉 AAS/ICP</td></tr>
<tr><td>锌</td><td>EDXRF</td><td>EDXRF/ICP</td><td>火焰 AAS/ICP</td></tr>
<tr><td>氰化物</td><td>色度检测方法</td><td>无</td><td>ISO/DIS11262 挥发性物质检测仪器</td></tr>
<tr><td colspan="4">油组分</td></tr>
<tr><td>苯</td><td rowspan="8">PID/FID
便携式 GC
免疫测定法
显色反应
荧光计</td><td rowspan="8">GC/FID-戊烷</td><td rowspan="5">GC/MS-戊烷</td></tr>
<tr><td>甲苯</td></tr>
<tr><td>二甲苯</td></tr>
<tr><td>萘</td></tr>
<tr><td>苯乙烯</td></tr>
<tr><td>汽油</td><td>无</td></tr>
<tr><td>松节油</td><td>无</td></tr>
<tr><td>柴油/燃料油（油气）</td><td>无</td></tr>
<tr><td colspan="4">煤焦油</td></tr>
<tr><td>总多环芳烃</td><td>免疫测定法</td><td>可采用 GC/FID-戊烷</td><td rowspan="2">GC/MS-甲苯/二氯甲烷*</td></tr>
<tr><td>苯并（a）芘</td><td>无</td><td>无</td></tr>
<tr><td colspan="4">其他芳香烃</td></tr>
<tr><td>酚类化合物</td><td>PID/FID</td><td rowspan="4">可采用 GC/FID-戊烷</td><td rowspan="4">GC/MS-二氯甲烷*</td></tr>
<tr><td>氯酚</td><td>PID/FID</td></tr>
<tr><td>五氯酚</td><td>PID/FID/免疫测定法</td></tr>
<tr><td>硝基苯酚</td><td>PID/FID</td></tr>
</table>

续表

<table>
<tr><th>分析参数</th><th>现场检测方法</th><th>实验室筛测方法</th><th>实验室具体检测方法</th></tr>
<tr><td colspan="4">水溶性有机物</td></tr>
<tr><td>丙酮</td><td>显色测试/PID/FID</td><td rowspan="4">GC/MS-甲苯</td><td rowspan="4">GC/MS-水相提取</td></tr>
<tr><td>二乙醚</td><td rowspan="3">PID/FID</td></tr>
<tr><td>异丙醇</td></tr>
<tr><td>甲基叔丁基醚</td></tr>
<tr><td>甲基异丁基酮</td><td></td><td></td><td></td></tr>
<tr><td>阴离子洗涤剂</td><td>无</td><td>DS237</td><td>无</td></tr>
<tr><td>滴滴涕，邻苯二甲酸酯</td><td>无</td><td>可采用 GC/FID-戊烷</td><td>GC/MS-二氯甲烷*</td></tr>
<tr><td colspan="4">氯化有机溶剂</td></tr>
<tr><td>氯乙烯</td><td rowspan="8">PID/FID
便携式 GC</td><td>无</td><td>GC/MS-二甲苯</td></tr>
<tr><td>氯仿</td><td>GC/FID-戊烷</td><td>GC/ECD-戊烷</td></tr>
<tr><td>1,1/1,2-二氯乙烯</td><td>无</td><td rowspan="2">GC/MS-二甲苯</td></tr>
<tr><td>二氯甲烷</td><td>无</td></tr>
<tr><td>三氯乙烯</td><td rowspan="4">GC/FID-戊烷</td><td rowspan="4">GC/ECD-戊烷</td></tr>
<tr><td>四氯化碳</td></tr>
<tr><td>1,1,1-三氯乙烷</td></tr>
<tr><td>四氯乙烯</td></tr>
</table>

*二氯甲烷是一种非环境友好型萃取剂，必须进行替换使用

参考文献

[1] Vejledning om prøvetagning og analyse af jord（'Guidelines on sampling and analysis of soil'）. Draft for Guidelines，1997，the Environmental Protection Agency.

附录 10 地 质 评 估

在土壤钻孔过程中，每间隔 50cm 采集 1 份土壤样品，这些间隔的土壤样品可能来自某一土层。与此同时，钻孔人员将会记下土壤钻孔过程中观察到的情况，形成一份被提取土层情况的初步描述和地层界限的记录。根据这些信息及每个独立场地的特定污染类型对土壤样品所在土层进行地质评估。该评估能够帮助得到基于土壤类型（岩性）、地质时期和形成环境的描述分类的土壤样品。地质评估与土壤钻孔所在区域现有信息、地质文献和地形/地质图互为补充。评估工作大纲见附表 10.1。样品质量和样品描述的目的决定了评估的详细程度及最终范围。

附表 10.1 样品描述大纲

1. 岩性	1.1 概述
	1.2 硬度等级
	1.3 粒度和级别
	1.4 次要成分
	1.5 结构
	1.6 颜色
	1.7 矿物学
	1.8 碳酸盐含量
	1.9 常见术语/岩层名称
2. 形成环境	
3. 周期	

地质评估可能包括：

● 在岩性测井中用大写字母书写总体名称，说明样品的主要成分，如砾石或沙。样品的次要组分用小写字母表示，如黏土或粉土等。

● 硬度是用于区分进入石灰岩和石灰岩石的钙质沉积物，后者具有坚硬的特点，仅能用刀刮擦。坚硬岩石中地下水的运动发生在裂缝间。必须指出的是，只有当石块或岩心样品可获得时方可在地质评估过程中对石灰岩石中的裂隙进行标注。

● 主要成分、次要成分及裂隙都决定了样品的渗透性，其特性影响地层中的地下水运动。

● 符号或填充层，如砖或渣等。

● 许多情况下，样品的颜色能够反映出地层的氧化还原状况，这可能会影响污染物的迁移。此外，结合可视的周围地层和颜色/氧化还原状况，可以获得污染类型和污染程度的概况。

● 根据以上描述和背景信息，可以通过地质评估和样品的形成环境进行土壤样品分类。岩性测井记录显示了土壤钻孔的分层情况，据此实现样品评估。

这些记录能够与地质资料和地质模型相吻合，地质模型与场地周边地质环境具有一致性和相关性。

在调查现场，岩性测井提供了关于地质和水文地质条件的信息，可作为试验泵等的辅助。此外，该记录还可以在地球化学条件和关于污染物扩散等方面提供有价值的信息。

附录 11　抽 水 试 验

抽水试验有如下两个常规方法：采用变化水量和恒定水量的逐步抽水试验。只要需要，可以将这两种方法结合使用直至最后阶段。

在抽吸之前、期间和之后，需要进行多个井的水位观察。在泵吸过程中，需要注意泵的排放速率。抽水试验持续时间超过约一天，同时还需测量气压，以及附近可能存在的受影响的水位。

按照对数时间尺度进行观察，即在泵启动和抽吸完成后的很短时间间隔内。常见的是采用压力传感器自动收集数据。需要注意接下来在泵吸开始和结束后泵井和观测井的观察频率，这是一个重要的经验。

附表 11.1　抽水频率

0～10min	每 1min 1 次
10～20min	每 2min 1 次
20～40min	每 5min 1 次
40～60min	每 10min 1 次
60～90min	每 15min 1 次
90～180min	每 30min 1 次
180～600min	每 1h 1 次
10～24h	每 4h 1 次
1～3 天	每 6h 1 次
以后	每 24h 2 次

本部分关注的是抽水试验数据的解释。将观察到的水位降低和水位恢复构建为与时间和距离之间的公式，通过比较理论模型进行解释，从而得到含水层的水力特性、泵井的透水率、观测井的含水层系数和观测井的泄漏情况等重要信息。获得的其他信息与含水层的边界条件［正边界（如河道）或负边界（如低渗透黏土层）］有关。此外，可以获得有关含水层各向异质性的信息。

使用下列方法：

1）线性映射，评估是否由抽水引起的水位变化（如气压效应）。

2）单对数映射，解释含水层的透射率和含水层系数。

3）双对数映射，解释含水层的透射率、含水层系数和泄漏。

所有井的水位观测结果均在相同的时间尺度下进行线性作图。这些图提供了含水层压力水平与如气压变化、相邻海域变化和/或临近区域水体变化的关系。在线性图的基础上，可以考虑这些影响因素。然而，理想的定量修正几乎是不可能实现的，事实上这些修正是半定量的。此外，观测井可分为三组：

- 完全受抽水影响的井。
- 在一定程度上受抽水影响的井。
- 完全不受影响的井。

理论方法的假设可以简要概述如下：

- 含水层是均匀和各向同性的。
- 含水层是无限扩展的。
- 抽水井的半径无穷小。
- 井穿过整个含水层纵向范围。
- 水渗透贯穿整个含水层厚度。
- 含水层中水的释放是瞬间完成的，且对应于水位下降。
- 整个含水层的水力参数是相同的，不随时间变化。

特别地，对于存在渗滤的含水层：

- 渗滤发生在低渗透的上、下地层之间。
- 渗滤与含水层水位下降相对应。
- 上、下地层的水力梯度瞬间变化，与含水层水位下降相对应。

对不存在渗滤的自流/承压含水层和具有自由水位的含水层的抽水试验解释（假设存在一个相对于含水层厚度的水位下降）是基于泰斯公式的：

$$h_0 - h(r, t) = \frac{Q}{4\pi T}\int_u^{\infty}\frac{1}{y}e^{-y}dy \qquad (附 11.1)$$

$$= \frac{Q}{4\pi T}W(u) \qquad (附 11.2)$$

式中，$u=\frac{r^2 S}{4\pi T}l$；$h(r,t)$是 t 时刻 r 距离处的压力水平（m）；h_0 是初始压力水平（m）；r 是到泵井的距离（m）；t 是泵开启以来的持续时间（s）；Q 是泵排量（m^3/s）；T 是透射率（m^2/s）；S 是储存系数（无量纲）；$W(u)$是“无渗滤”含水层的井函数。

泰斯公式假设含水层上下是不透水的。

当与存在渗滤的自流层/承压层相关时，使用以下公式：

$$h_0 - h(r,t) = \frac{Q}{4\pi T}W(u, r/B) \qquad (附 11.3)$$

式中，r/B 是渗滤系数；$W(u,r/B)$是自流层/承压层的井函数（沃顿函数，Walton

function）。

在定时排水的非承压含水层持续地抽水，当定时排水的影响减弱时必须给出合理的解释，届时，水位下降将再次遵循泰斯曲线。

可采用两种不同的方法解释抽水试验数据。一种是单对数直线自适应方法，而另一种方法基于双对数坐标的最优拟合线。

单对数方法基于 $W(u)$，可由一个无穷级数表示。对于低值的 u，公式（附 11.1）可以近似为

$$h_0 - h(r,t)=\frac{2.3Q}{4\pi T}\log\frac{2.25Tt}{r^2 S} \tag{附 11.4}$$

水位下降和恢复的测试数据绘制在 y 轴，时间绘制在对数 x 轴。一条直线贯穿所有数据，ΔS（水位下降/恢复）按 10 的倍数时间间隔读取数据（如 10min 和 100min）。T 和 S 的计算方式如下：

$$T=\frac{0.183Q}{\Delta S} \tag{附 11.5}$$

$$S=\frac{2.25Tt_0}{r^2} \tag{附 11.6}$$

这里 t_0 代表时间（s），对应于最优拟合直线和零水位下降/恢复直线两者的交点处的数据。

对于无渗滤的含水层，测试数据绘制在双对数坐标轴上，以水位下降/恢复深度为 y 轴，时间为 x 轴。然后，一个同样的 $W(u)$双对数图叠加在 u 上，直至获得最好的收敛，获得平行线。从水位下降/恢复深度数据、时间(s,t)和$(W(u),l/u)$获取的成对数值称为“赛点”；基于这些，透射率 T 和渗透率 k 可以计算为

$$T=\frac{Q}{4\pi S}\left(\text{hvis}(W(u), u)=(1,1)\right) \tag{附 11.7}$$

$$k=T / m \tag{附 11.8}$$

$$S=\frac{4Tt}{r^2} \tag{附 11.9}$$

式中，S 是水位下降/恢复距离（m）；m 是含水层厚度（m）。

双对数映射和最优拟合线也应用在渗滤含水层中。在这种情况下，水位下降/恢复时间的解释违背了沃顿的渗滤类型曲线。在该解释中，上、下地层的渗透率 p'（m/s）也可以描述为

$$p'=\frac{(r / B)^2 Tm'}{r^2} \tag{附 11.10}$$

式中，m'是上、下地层厚度（m）。

解释抽水试验需要评估实际条件与前面所述理论假设的一致程度。实际情况和理论假设最大的区别在于：

1）泵井的半径不是无穷小的。

2）泵井几乎不贯穿整个含水层纵向范围。

3）含水层是有限范围的。

4）含水层大多是非均匀和非各向同性的。

5）裂开的含水层可能显示两倍孔隙度，渗透率可能随压力变化。

6）渗流不是瞬间对应含水层水位下降的。

对于第四纪前的沉积物，特别是 4）和 5），阻碍渗透率的正确测定。以上所述的限制中，如果 1）～3）被认为是相关的，则可以对其进行修正；或者在解释时考虑这些限制。此外，相比于场地地质钻孔，样品目测评估是含水层水力参数评估的基础内容。通过这种方式，可以获得透射率和渗透率的可接受估算值。

值得注意的是，解释时经常需要修正数据以获得有用的结果。对于张拉/承压含水层，通常需要考虑大气气压变化（气压效应）来修正数据，因为这影响了井的水位。除此之外，其他现象（如潮汐效应、其他抽水、井眼效应、含水层局部筛管的安装、含水层厚度减小、持续排水等）可能导致地下水位波动。因此，抽水试验更容易被误释，故采用模型作为关键方法是十分必要的。

抽水试验数据可以使用半对数和双对数映射数据来解释。采用双对数映射对数据的解释结果是对透射率最精确的预测，通常着重强调来自水位恢复的数据。基于单对数映射的解释结果对透射率的预测，是可接受的。

对于分步抽水试验，水位下降被认为是由以下公式组成的：

$$S = BQ + CQ^2 \tag{附 11.11}$$

式中，B 是常规的构造损失；C 是筛管损失。通过类比管道的水力条件，可以推断：当流速（颗粒速度）高时，C 值高，即大水量通过小的横截面。这可能表明井建得很差。确定 B 和 C 的方法见参考文献［1］。原则上，在进行解释时，可以根据给定的抽水量计算后续的水位降，这有助于确定某一补救设备的尺寸。

报告应包括：

- 抽水试验实施方案。
- 抽水试验结果。

如果需要可以补充以下内容：

- 基于线性映射的抽水试验结果。
- 基于单对数映射的抽水试验结果。

- 基于 t/r^2 图（双对数映射）的抽水试验结果。

参考文献

有大量抽水试验相关文献，包括来自丹麦环保署的指南，包含更多参考资料。

[1] Vandforsyningsplanlægning 1. Del（'Water supply planning part 1'）Vejledning fra Miljøstyrelsen Nr. 1，1979.（'Guidelines from the Environmental Protection Agency No. 1，1979'）

附录 12　标 准 表 格

以下页面主要是相关标准表格。

井的位置信息和水位数据

1.
井号
系统编号
操作人员
日期
所有者
地址
电话

<table>
<tr><td>2. 井的位置描述</td><td rowspan="2">井：
水平面高度__________m
井管顶部高度（相对参照点）________m
井底深度（低于参照点）____________m
井深_________________m
井管直径_____________m
筛管直径_____________m
筛管间隔____m -______m</td></tr>
<tr><td>1. 井的结构描述</td></tr>
</table>

水位测量的可行性

<table>
<tr><td rowspan="3">测量数据</td><td>测量日期</td><td></td><td></td><td></td><td></td><td></td><td></td></tr>
<tr><td>水位（低于参照点），m</td><td></td><td></td><td></td><td></td><td></td><td></td></tr>
<tr><td>水位</td><td></td><td></td><td></td><td></td><td></td><td></td></tr>
</table>

审核人：____日期：__________

水位测量数据

场地名称：____
测量人员：____日期：_________

<table>
<tr><td rowspan="2">井编号</td><td rowspan="2">参照点</td><td colspan="2">水位（低于参照点），m</td><td colspan="4">水位资料</td><td rowspan="2">备注</td></tr>
<tr><td>水位</td><td>底部</td><td>套管顶部
（参照点）</td><td>地形</td><td>底部</td><td>水位</td></tr>
<tr><td></td><td></td><td></td><td></td><td></td><td></td><td></td><td></td><td></td></tr>
<tr><td></td><td></td><td></td><td></td><td></td><td></td><td></td><td></td><td></td></tr>
</table>

土壤样品采集

场地名称：__________	日期：________ 钻孔编号：________ 钻孔单位：________ 采样人员：________ 钻孔方法：________ 钻孔直径：________ 水位埋深：________

土壤类型描述				气味—颜色	
土层 ----- 深度	描述	样品	筛管 ------- 底部	描述	样品
	-2			-2	
	-4			-4	
	-6			-6	
	-8			-8	
	-1.0			-1.0	
	-2			-2	
	-4			-4	
	-6			-6	
	-8			-8	
	-9			-9	
	-2.0			-2.0	
	-2			-2	
	-4			-4	
	-6			-6	
	-8			-8	
	-3.0			-3.0	
	-2			-2	

续表

土壤类型描述				气味—颜色	
土层 ----- 深度	描述	样品	筛管 ------- 底部	描述	样品
	--4			--4	
	--6			--6	
	--8			--8	
	--4.0			--4.0	
	--2			--2	
	--4			--4	
	--6			--6	
	--8			--8	
	--5.0			--5.0	
	--2			--2	
	--4			--4	
	--6			--6	
	--8			--8	
	--6.0			--6.0	

水样采集

场地名称：____

钻孔直径：____________________筛管尺寸：____________________

采样方法：____________________采样人员：____________________

井编号	日期	井深（低于参照点），m	水位（低于参照点），m	水柱，L	用于井清洗的水体积，L	备注

空气样品采集

场地名称：

采样人员： 日期：

样品编号	筛管编号	开始时间	结束时间	最终测量结果	泵编号	液面位置	起始计数	终止计数	泵的冲程	每次泵抽气体体积，mL	总的空气体积，L

土壤样品分析——实验室清单

场地名称：________________ 采样人员：________________

井号	深度，m，在地面以下	样品编号	日期		分析参数														备注（包括样品送样前的保存）
			采样日期	送样日期															

水样分析——实验室清单

场地名称：________________ 采样人员：________________

井号	深度，m，在地面以下	样品编号	日期		分析参数														备注（包括样品送样前的保存）
			采样日期	送样日期															

附录 13　气体产量——一个用于近似预测的经验模型

本附录描述了一个基于时间函数的产气速率评估模型。已经有许多不同的模型被开发出来，其中没有一个模型能够考虑到所有影响气体产生的因素。因为特定参数方面的知识也经常是不充分的，因此建议使用一个简单的一阶衰减模型。出于这个原因，模型的主要用途是提供可供参考的预测。

1. 计算公式

气体产率由参考文献［1］给出：

$$dP/dt = P_{tot} \cdot k \cdot e^{-kt} \tag{附 13.1}$$

式中，dP/dt 是气体年产量［Nm^3/（t • a）］；P_{tot} 是气体总产量（Nm^3/t）；k 是降解常数（a^{-1}）；t 是时间（年）。

降解常数由下式给出：

$$k=\frac{\ln 2}{t_{1/2}} \tag{附 13.2}$$

式中，$t_{1/2}$ 是半衰期（年）。

2. 数据基础

计算是基于以下有关数据：

- 气体总产量。
- 半衰期。

相关文献表明，在给出的最优条件下，每吨废物总的产气量在 320～430Nm^3。然而，事实上气体总产量将相对小很多。在丹麦垃圾填埋场，总的气体产量值经测量为 80～210Nm^3/t。这些值是由瑞典和德国计算提供的。

半衰期经验数值列于附表 13.1。

附表 13.1　不同类型废物的半衰期

半衰期，$t_{1/2}$	年
生活垃圾[2]	1
污泥[2]	2
工业和商业废物[2]	5
大件垃圾[2]	10
建筑垃圾[2]	15
易降解废物[3]	1～1.5
中度降解废物[3]	15～25

如果正在开展的调查已经包括含水量和温度的同步测量，半衰期可以由公式（附 13.1）和公式（附 13.2）确定[1]。

3. 案例

基于计算公式（附 13.1）和（附 13.2），可以描述年度气体产生量和剩余气体压力曲线。附图 13.1 显示了某垃圾填埋场在堆放 10 年、气体总产量为 $200\mathrm{Nm^3/t}$ 后，气体产生量和剩余气体压力与时间的函数。

10 年后每年气体产生量可由以下公式计算：

$$k = \frac{\ln 2}{t_{1/2}} = \frac{\ln 2}{10} = 0.07 \tag{附 13.3}$$

$$\mathrm{d}P / \mathrm{d}t = P_{\mathrm{tot}} k\,\mathrm{e}^{-kt} = 200 \times 0.07 \times \mathrm{e}^{-0.07\times 10} = 6.95(\mathrm{Nm^3 / t}) \tag{附 13.4}$$

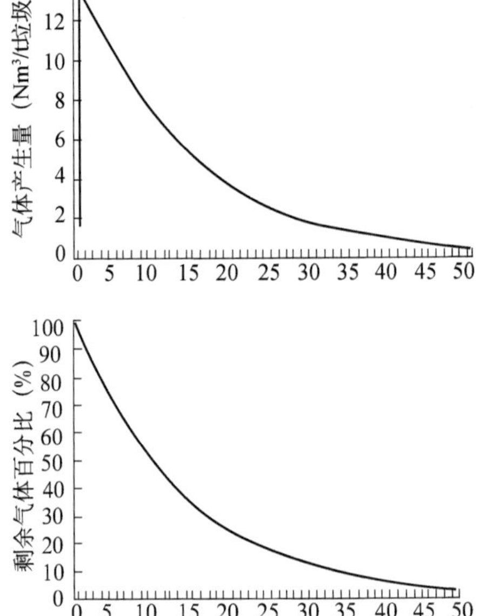

附图 13.1　填埋 10 年后气体产生量和剩余气体与时间的关系图

参考文献

[1] Lossepladsgas-Transportog Produktion（‘Landfill Gas-Transport and Generation’）Erling Vincentz Fisher Examination project，spring 1992，the Technical University of Denmark.

[2] Gas i lossepladser（‘Gas in Landfills’）ATV meeting，March 1993.

[3] Noter om：Kontrollerede lossepladser（‘Notes on Controlled Landfills’）Thomas H. Christensen and others. Teknisk forlag，1982.

附录 14　气流入侵到周围建筑内的对流模型

本附录描述了一个填埋气入侵到位于填埋产气区外建筑的模型。该计算对流贡献的模型是基于最坏情况的，即所有气体完全进入建筑物内[1]。因此，该对流模型相较于附录 15 中的对流贡献模型简单。

1. 用于计算的假设和公式

如附图 14.1 所示，垃圾填埋区土壤气浓度为 C_p，建筑物距离为 x。气体运输认为只在上层不饱和区进行。垃圾填埋场相对于建筑物存在一个正压力 P_s。大气压力是 P_{atm}。

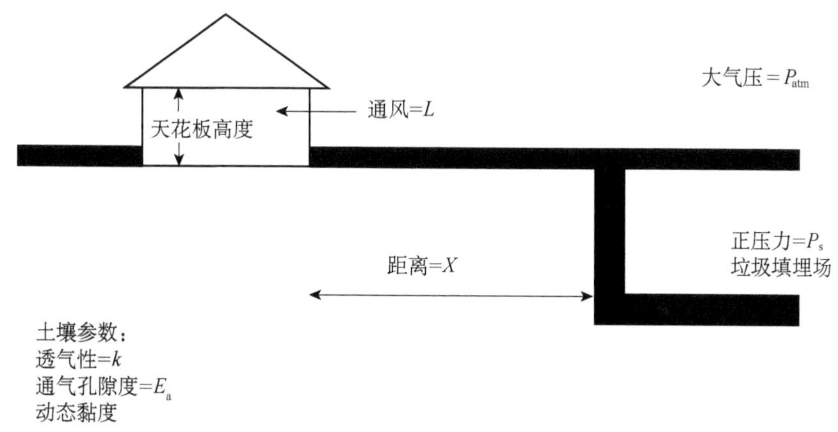

附图 14.1　填埋气向周围建筑运输的模型

在该模型中，垃圾填埋场的范围被认为比到建筑物的距离大很多。以下公式应用于平衡状态：

$$\alpha = \frac{C_i}{C_p} = \frac{k \cdot P_s}{\mu \cdot x \cdot l \cdot L} \quad （附 14.1）$$

式中，α 是建筑物室内空气浓度和垃圾填埋场土壤气体浓度的比值；k 是透气性（m^2）；P_s 是垃圾填埋场正压力（Pa）；μ 是动态黏度［kg/（m • s）］；x 是距离（m）；l 是建筑物内天花板高度（m）；L 是空气更新频率（s^{-1}）。

在建立压力梯度 τ_{ssp}（附 14.2）和平衡浓度 τ_{ssc}（附 14.3）之前，衰减周期由以下公式获得：

$$\tau_{ssp}=\frac{\mu\cdot E_a\cdot x^2}{k\cdot P_{atm}} \tag{附 14.2}$$

$$\tau_{ssc}=\frac{\mu\cdot E_a\cdot x^2}{k\cdot P_s} \tag{附 14.3}$$

式中，E_a是通气孔隙度（无量纲）；P_{atm}是大气压力（Pa）。

2. 数据基础

计算公式（附 14.1）～（附 14.3）呈现了必要的数据。输入的经验数据列于附表 14.1。不同类型土壤的相关参数见附录 15 中附表 15.1。

附表 14.1　传输模型经验数据

透气性，k	m^2
黏土[1]	10^{-13}
细砂	10^{-12}
粗砂	2×10^{-11}
场地内正压力，P_s	Pa
典型测量值	0～2000
动态黏度，μ	kg/（m・s）
空气	1.8×10^{-5}
甲烷	1.1×10^{-5}
二氧化碳	1.5×10^{-5}
孔隙度，E_a	无量纲
壤土	0.1
砂质壤土	0.1
黏土	0.1
砂	0.3

1：估测值

参考文献

[1] Little，J. C.，Daisey，J. M. and Nazaroff，W. W：Transport of Subsurface Contaminants into Buildings. An Exposure Pathway for Volatile Organics. Environmental Science and Technology. Vol. 26. No. 11，1992，p. 2058-2066.

附录 15　来自土壤的挥发性物质挥发

1. 背景

对于存在挥发性物质的土壤或地下水污染，这些物质可能会挥发，导致在开放区域和室内存在吸入有害烟气的危险。

来自土壤的挥发通常是室外和室内污染的其中一个来源。其他空气污染源来自于交通、周边企业、建筑材料气体排放等，以及吸烟、休闲活动/爱好等。

本附录提供了用于计算由土壤中挥发性有机污染物产生的对室内和室外空气污染贡献的基本原则。

以下相关数据可作为计算的基础：

- 污染类型和浓度，包括特定污染组分的物理化学数据。
- 污染深度和与地下水位的相对位置。
- 土层条件。
- 建筑物参数。
- 温度和压力条件。
- 风速等。

建筑物参数包括以下数据：

- 土壤结构。木质地板或混凝土地板。如果地板是混凝土，必须确定地板的环境分类、加固条件、地板年龄等。
- 建筑物的通风条件。
- 房间的天花板高度。

用于计算土壤中挥发性组分的释放和运输的模型是一个相对较新的事物，并不是所有的公式都能很好地得到实验支持。在丹麦及其他地方，正在开展连续不断的工作以更好地掌握控制土壤中挥发性物质挥发的机制，但到目前为止，用于计算污染土壤对室内空气和室外空气污染贡献的模型仍具有相对较高的不确定性。

这里所描述的计算基本模型包括三部分：

- 土壤中的相分布，即各个污染组分在土壤气体、土壤水分、土壤基质吸附相和可能的 NAPL 污染之间的分布。基于这些数据，可以在总的土壤污染物浓度基础上计算污染物在土壤气中的浓度。
- 通过土壤和地板结构扩散：在这里，基于污染区域和该区域相对深度的土壤气中污染物浓度计算通过土壤的蒸汽量。随后在该挥发的基础上计算扩散对室内和室外空气的贡献。

● 通过地板结构的对流：根据前面计算的扩散至建筑物底部的结果，计算空气对流对室内空气的贡献。

2. 计算原则和假设

2.1 相分布

在污染位于不饱和区情况下，土壤包含土壤颗粒、土壤水分和土壤气，当物质在三相的分配和任何一种 NAPL 污染是已知时，可以计算土壤气中污染物浓度。

采用麦凯和帕特森（1981）[1] 中描述的模型进行该计算。

在最简单的形式下，模型假设在不同相中污染物组分浓度是平衡的，条件是恒定的。此外，该模型假设污染物在气相中为理想气体，水相中为理想稀释溶液。其他版本的模型考虑到平衡尚未发生，但正在发生物质的分解和/或运输。以下是基于上述描述的最简单版本的模型。

计算的原则是，基于气和水中饱和浓度，以及水和土壤颗粒中的分配系数计算土壤对污染组分的最大容量。然后假设污染物在三相之间的分配比与饱和状态下是相同的，即使在其他浓度条件下也已经建立了平衡。在给定污染物总浓度的情况下，可以在此基础上计算得到土壤气浓度。

如果地下水发生污染，略高于地下水位的土壤气浓度可以基于污染组分的空气分压和水溶性之间的关系（亨利定律），再一次假设两相平衡来确定。必须指出的是，水相扩散比蒸汽相扩散低几个数量级，鉴于此，不饱和区内水相扩散会限制污染物从地下水中挥发进入土壤气。计算中不考虑挥发扩散。

对于由多种组分组成的产品造成的污染（如石油和焦油），不同组分间可能会相互作用，如通过互溶或相互间的化学反应。这影响了蒸汽压力、溶解度和各组分吸附量。然而，对于由中性组分组成的混合物（如石油），该偏差相对于计算中的其他不确定性是次要的。

如果混合物中含有有机酸（如焦油酚），则存在显著偏差。原则上，可以在单个组分的相关混合物的平衡表达式中引入活度系数。

对于混合物计算，必须对每个单独组分的摩尔分数和每个单独的计算环节考虑混合物比例。

2.2 通过土壤的气体传输

这里所描述的挥发模型只涉及土壤中土壤气的扩散传输。对于土壤污染，由土壤气导致的正压是罕见的，除了如当污染组分被放置在一个实际的垃圾填埋场的情况下。出于这个原因，在这种情况下通过土层的对流传输将大打折扣。

除了特定物质的参数，污染组分的扩散将取决于土壤类型、土壤孔隙度和含水率。除此之外，土壤可能包含多个不同属性的地层。

气压的变化可能会导致一定的抽吸效应，因此导致土层最上面的空气流动。同样地，污染土壤附近建筑物内的通风设备也会引起土壤的气流对流，影响了蒸汽运输及显著的温度差异。

对于通过土壤地层的污染组分扩散，污染物可能加倍溶解到渗入雨水中和吸附到土壤颗粒中。在恒定的条件下，平均而言，数米深的土层中雨水的加倍溶解比扩散溶解低 1～2 个数量级，因此作用不明显。在较短时间内大量水的渗出，可能使得加倍溶解作用十分明显。

对于其他事项，土壤颗粒吸附取决于土壤含水量，因为潮湿土壤的吸附量将比干燥土壤少两个数量级。

特别是在夏季，生物降解可能导致最上层土层中某些污染组分的蒸汽浓度降低，即挥发量减少。

相反，大多数污染组分的分压均表现为对温度具有相当大的依赖性，在夏季期间造成挥发量的增加。

最后，由于蒸散作用，在炎热夏季的绿地和种植地区，土壤中可能存在向上的水力传输。一般来讲，这可以促进物质运输到地表。

这里所描述的简单模型不包括由不同压力差造成的通过土层的对流运输，也没有土壤水分的扩散、蒸汽的加倍溶解/吸附、降解、温度依赖性或蒸散。

2.3　扩散对室外空气浓度的贡献

扩散对室外空气浓度的贡献可以基于以下假设根据地表通量计算：

- 地面一定高度的空气是不同挥发污染组分的混合物。该高度取决于风速和所需计算浓度的特定点位位置。这里假设在污染场地内下风向处出现最大浓度。

2.4　扩散对室内空气浓度的贡献

扩散对室内空气浓度的贡献可以基于以下假设根据建筑物地面下的气流进行计算：

- 污染组分向建筑物地面下扩散，进一步向上通过地板结构，污染组分的扩散气流与房间内最接近地面的室内大气环境混合。

2.5　对流对室内空气浓度的贡献

对流对室内空气浓度的贡献可以基于以下假设根据向建筑物地面下扩散的计算结果进行计算：

该计算只针对一种地板，即混凝土地板，其裂缝间距和裂缝宽度可以根据强化条件、厚度、混凝土环境分类进行预估，对流对室内空气的贡献可以在预估的裂缝间距和裂缝宽度基础上结合建筑物真空度进行计算，通过混凝土甲板的污染组分对流气流与房间内最靠近地面的室内大气环境混合。

3. 计算公式

接下来，计算模型中使用的公式都是以其最简单的形式进行描述，即给出了所有 2.3～2.5 节已经提到的简化的假设，目的是提供一个计算程序的描述和原理介绍。在特定情况下，应慎重考虑简化的假设。

3.1 土壤中相分布

土壤总体积可以被认为是土壤各相体积的总和，详见公式（附 15.1）。

$$V_L + V_V + V_J = 1 \quad \text{（附 15.1）}$$

式中，V_L 是土壤中空气的相对体积比例；V_V 是土壤中水的相对体积比例；V_J 是土壤中土壤颗粒的相对体积比例。

这里，V_L+V_V 等于总孔隙度。

1m^3 土壤中三相的最大污染物含量可以通过以下公式计算，见公式（附 15.2）～（附 15.10）。

在土壤中的气相（土壤气）：

$$M_{L,\max} = V_L \cdot C_{L,\max} (\text{mg/m}^3) \quad \text{（附 15.2）}$$

式中，$M_{L,\max}$ 是土壤气的最大污染物含量（mg/m^3 土壤体积）；$C_{L,\max}$ 是污染物的饱和蒸汽浓度（mg/m^3 土壤气）。

$C_{L,\max}$ 可以基于污染物分压根据理想气体定律计算：

$$C_{L,\max} = \frac{p \cdot m \cdot 10^3}{R \cdot T} (\text{mg/m}^3) \quad \text{（附 15.3）}$$

式中，p 是污染物分压；m 是污染物分子质量（g/mol）；R 是气体常数［J/（mol • K）］；T 是开尔文温度；T 是采用 298K（25℃）作为标准。

在土壤中的水相（土壤水）：

$$M_{V,\max} = V_V \cdot S (\text{mg/m}^3) \quad \text{（附 15.4）}$$

式中，$M_{V,\max}$ 是土壤水分中的最大污染物含量（mg/m^3 土壤体积）；S 是污染物的水溶解度（mg/m^3 土壤水）。

在平衡时，污染物分压和水相浓度间的关系等于亨利定律常数 H：

$$H = \frac{p}{S} (\text{N} \cdot \text{m/ mg}) \text{或} S = \frac{p}{H} (\text{mg/m}^3) \quad \text{（附 15.5）}$$

使用亨利定律需假设，在蒸汽形式下将污染物视为理想气体，在溶液中为理想的稀释溶液。分压和溶解度必须表示为在相同的温度下。

在土壤颗粒相：

$$M_{\mathrm{J,\,max}} = V_{\mathrm{J}} \cdot d \cdot J_{\max} \cdot 10^{3} (\mathrm{mg / m^3}) \tag{附 15.6}$$

式中，$M_{\mathrm{J,\,max}}$ 是已吸附到土壤颗粒的有机组分的最大污染物含量（mg/m^3 土壤体积）；d 是土壤颗粒密度（kg/L）；$J_{\max}$ 是水中饱和溶液平衡时，吸附到土壤颗粒的有机组分的污染物含量（mg/kg）。

$J_{\max}$ 表示为 S 的公式如下：

$$J_{\max} = K_{\mathrm{D}} \cdot S \cdot 10^{-3} (\mathrm{mg / kg}) \tag{附 15.7}$$

式中，K_{D} 是土壤/水的污染浓度比（L/kg）。

假设吸附只发生在土壤有机质组分上，这对于有机污染物是一个合理的近似，K_{D} 可以根据有机碳、水和土壤有机碳含量之间的污染物比例进行计算。

$$K_{\mathrm{D}} = K_{\mathrm{oc}} \cdot f_{\mathrm{oc}} (\mathrm{L / kg}) \tag{附 15.8}$$

式中，K_{oc} 是有机碳和水之间的污染物比例（L/kg）；f_{oc} 是土壤有机碳含量（相对分子质量比）。

因此，$M_{\mathrm{J,\,max}}$ 可以写为

$$M_{\mathrm{J,\,max}} = V_{\mathrm{J}} \cdot K_{\mathrm{oc}} \cdot f_{\mathrm{oc}} \cdot S (\mathrm{mg / m^3}) \tag{附 15.9}$$

对于大多数类型的污染物，有机质和水中污染物比例可以依据 K_{ow} 辛醇/水分配系数进行估算，这里所说的“大多数类型”包括芳烃类、多环芳烃类、脂肪族碳氢化合物和氯化溶剂，参见公式（附 15.10a）。对于呈弱有机酸的酚类物质，同样可以通过估算得到其 pH，见公式（附 15.10b）[2]。

下面的公式适用于 $\log K_{\mathrm{ow}}$ 低于 5 和土壤有机碳含量 f_{oc} 高于 0.1%的污染物：

$$\log K_{\mathrm{oc}} = 1.04 \log K_{\mathrm{ow}} - 0.84 \tag{附 15.10a}$$

对于有机酸类物质（如氯酚类），可以根据公式（附 15.10b）计算 K_{D}：

$$K_{\mathrm{D}} = f_{\mathrm{oc}} \cdot K_{\mathrm{ow}}{}^{0.82} \left(1.05\varPhi_{\mathrm{n}} + 0.026(1 - \varPhi_{\mathrm{n}})\right) \tag{附 15.10b}$$

式中，$\varPhi_{\mathrm{n}}$ 是中性酸组分分数（无量纲）。

中性酸组分分数可以根据下式计算：

$$\varPhi_{\mathrm{n}} = \frac{1}{1 + 10^{\mathrm{pH} - \mathrm{pK_a}}} \tag{附 15.10c}$$

式中，$\mathrm{pK_a}$ 是污染物酸解离常数。

该公式适用于：$\mathrm{pH} - \mathrm{pK_a} < 1.5$ 和 $f_{\mathrm{oc}} > 0.001$。

由此可见，污染物在土壤中的最大容量（在形成 NAPL 之前）是 $M_{\mathrm{L,max}}$ +

$M_{V,max}+M_{J,max}$。

土壤三相间的污染物分配可以在上述假设的基础上进行计算，即土壤三相中污染物相对比例不依赖于土壤中总的污染物浓度。

下式适用于土壤中气相：

$$f_L=\frac{M_{L,max}}{M_{L,max}+M_{V,max}+M_{J,max}} \quad (附 15.11)$$

式中，f_L 是污染物在土壤气中含量与土壤中总含量的相对比例（无量纲）；M_L、M_V、M_J 是各相中实际的/确切的污染物含量（mg/m^3 土壤）。

基于公式（附 15.2）、（附 15.4）和（附 15.9），f_L 可以改写为

$$\begin{aligned}f_L&=\frac{V_L\cdot C_{L,max}}{V_L\cdot C_{L,max}+V_V\cdot S+V_J\cdot d\cdot K_{oc}\cdot f_{oc}\cdot S}\\&=\frac{V_L\cdot\dfrac{p\cdot m\cdot 10^3}{R\cdot T}}{V_L\cdot\dfrac{p\cdot m\cdot 10^3}{R\cdot T}+V_V\cdot\dfrac{p}{H}+V_J\cdot\dfrac{d\cdot K_{oc}\cdot f_{oc}\cdot p}{H}}\\&=\frac{V_L\cdot\dfrac{m\cdot 10^3}{R\cdot T}}{V_L\cdot\dfrac{m\cdot 10^3}{R\cdot T}+V_V\cdot\dfrac{1}{H}+V_J\cdot\dfrac{d\cdot K_{oc}\cdot f_{oc}}{H}}\end{aligned} \quad (附 15.12)$$

基于给定的土壤总污染物浓度C_T（mg/kg 土壤体积），可以确定污染物体积M_L：

$$M_L=f_L\cdot C_T\cdot\rho\cdot 10^3\ (\text{mg/m}^3\text{土壤体积}) \quad (附 15.13)$$

式中，ρ 是土壤密度（kg/L）。

土壤气中污染物浓度C_L是基于土壤中污染物浓度C_T进行计算的，见公式（附 15.14）。

$$C_L=\frac{M_L}{V_L}=\frac{f_L\cdot C_T\cdot\rho\cdot 10^3}{V_L}(\text{mg / m}^3\text{土壤气}) \quad (附 15.14)$$

切记，C_L 不能超过$C_{L,max}$。

如果土壤中存在非水相液体，即在饱和条件下，最简单的方式是直接基于分压计算$C_L=C_{L,max}$，见公式（附 15.3）。

3.2 向上通过土壤的扩散

给定一个平衡状态，以扩散方式从污染土壤到地表的气体传输可以通过菲克扩散定律进行描述：

$$J=N\cdot D_L\frac{C_0-C_L}{X} \quad (附 15.15)$$

式中，J是挥发通量［mg/（m^2 • s)］；N是材料常数（无量纲）；D_L是空气中污染物扩散系数（m^2/s）；X是对应浓度的深度（m）；C_0是场地背景浓度（mg/m^3），如果明显低于C_L，可以设置为0。

对于一些物质，其在空气中的扩散系数可以从参考文献［3］中获得，或基于公式[2]进行估算：

$$D_2 = D_1\sqrt{\frac{m_1}{m_2}} \quad \text{（附 15.16）}$$

式中，D_1和D_2是空气中污染物的扩散系数（m^2/s）；m_1和m_2是污染物分子质量（g/mol）。

如果气相传输发生在不同土层间，其通量为

$$J = \frac{-(N_1 \cdot N_2 \cdots N_n) \cdot D_L \cdot (C_0 - C_L)}{N_2 \cdot N_3 \cdots N_n \cdot X_1 + N_1 \cdot N_3 \cdots N_n \cdot X_2 + N_1 \cdots N_{n-1} \cdot X_n} \quad \text{（附 15.17）}$$

式中，N_1 ～N_n是各土层材料常数；X_1～X_n是各土层厚度。

例如，一个合理的N的表达式见参考文献［4］。

$$N = {V_L}^{3.33} / (V_L + V_V)^2 \quad \text{（附 15.18）}$$

式中，$V_L + V_V$是全部孔隙度。

将公式（附 15.14）和（附 15.17）代入公式（附 15.15），假设C_0为0，得到通过土壤的气体通量与土壤浓度的函数关系：

$$\begin{aligned} J &= {V_L}^{3.33} \cdot D_L \cdot f_L \cdot C_T \cdot \rho \cdot 10^3 / (X \cdot (V_L + V_V)^2 \cdot V_L) \\ J &= {V_L}^{2.33} \cdot D_L \cdot f_L \cdot C_T \cdot \rho \cdot 10^3 / (X \cdot (V_L + V_V)^2) \end{aligned} \quad \text{（附 15.19）}$$

3.3　扩散对室外空气浓度的贡献

室外空气流量J的混合物将产生对室外空气浓度C_u（mg/m^3）的贡献。

假设C_u的最高值出现在受污染区域的下风向末端，可以基于以下假设计算C_u：

垂直向上通过受污染区域的质量流速Q_1等于通过垂直于受污染区域风向的垂直切面的质量流速Q_2，假设受污染区域上部空气扩散是可以忽略的。该假设对于相对较短距离是不合理的。

该假设提供了以下公式：

$$\begin{aligned} & Q_1 = Q_2 (\text{mg/s}) \Rightarrow \\ & A_1 \cdot J = A_2 \cdot v \cdot C_u \Rightarrow \\ & l \cdot b \cdot J = b \cdot h \cdot v \cdot C_u \end{aligned} \quad \text{（附 15.20）}$$

或者

$$C_{\mathrm{u}}=\frac{J\cdot l}{v\cdot h}(\mathrm{mg/m^3})$$

式中，C_u是扩散对室外空气污染的贡献（mg/m³）；Q_1是通过受污染区域的质量流速（mg/s）；Q_2是通过一个垂直于受污染区域风向的垂直切面的质量流速（mg/s）；v是风速（m/s）；A_1是受污染区域的面积（m²）；A_2是垂直于风向的纵断面面积（m²）；l是受污染区域内风向长度（m）；b是垂直于受污染区域风向的宽度（m）；h是受污染区域顺风方向室外空气的混合高度（m）。

为了使某种物质的C_u与其挥发标准具有可比性，风速v原则上必须等于在存在问题的点位能够精确测量到的速度，且精度达到1%。

根据经验，在如此低风速度v（≤2m/s）下的混合高度h可以设置为受污染区域长度的0.08倍。如果将此代入公式（附15.20），结果如下：

$$C_{\mathrm{u}}=\frac{J\cdot l}{v\cdot 0.08\cdot l}=\frac{J}{v\cdot 0.08}(\mathrm{m/s}) \qquad (附15.21)$$

J可以通过公式（附15.19）确定。

或者

$$J=C_{\mathrm{u}}\cdot v\cdot 0.08\,[\mathrm{mg/(m^2\cdot s)}] \qquad (附15.22)$$

对于平静条件，采用风速0.1m/s。然而，基于长期效应确定的验收标准的物质，采用风速1m/s，这其中包括致癌物质。

3.4 扩散对室内空气污染物浓度的贡献

室内空气流量J的混合将产生对室内空气的贡献C_i（mg/m³）。

垂直通过受污染区域进入建筑物的质量流速Q_1等于建筑物内部空气更新的质量流速Q_2。

公式如下：

$$\begin{gathered}Q_1=Q_2\Rightarrow\\ A_1\cdot J=A_2\cdot L_{\mathrm{h}}\cdot L_{\mathrm{s}}\cdot C_{\mathrm{i}}\end{gathered} \qquad (附15.23)$$

基于保守假设：$A_1=A_2$（整个房间都存在污染），得到：

$$C_{\mathrm{i}}=\frac{J}{L_{\mathrm{h}}+L_{\mathrm{s}}}(\mathrm{mg/m^3}) \qquad (附15.24)$$

式中，C_i是扩散对室内空气污染的贡献（kg/m³）；Q_1是通过受污染区域的质量流速（mg/s）；Q_2是通过空气更新的质量流速（mg/s）；A_1是受污染区域面积（m²）；A_2是建筑物面积（m²）；L_h是建筑物内天花板高度（m）；L_s是建筑物内空气更新频率（s⁻¹）。

3.5 通过钢筋混凝土板的对流和扩散对室内空气污染物浓度的贡献

污染物的对流发生在混凝土甲板上的裂缝、泄漏连接处、导入管泄漏处等。由于干燥收缩引起的收缩裂缝的计算可以通过公式和说明进行计算，详见《丹麦混凝土标准规范 DS411》[5] 和 *Beton-Bogen*（《混凝土大全》）[6]。

基于 Baker、Sharples 和 Ward，已经开展了通过裂缝的空气传输计算[7]。

3.5.1　裂缝长度和宽度计算

可以基于以下几点计算裂缝参数 a_w：

$$a_w = \frac{A_{cef}}{\sum d_w} \qquad （附 15.25）$$

式中，a_w 是裂缝参数（mm）；A_{cef} 是受到张力的活动混凝土区域面积（mm^2）；d_w 是裂缝决定的钢筋直径（mm）。

受到张力的活动混凝土区域 A_{cef} 可以计算为

$$A_{cef} = h_b \cdot b_b \qquad （附 15.26）$$

式中，h_b 是混凝土板厚度（mm）；b_b 是观察到的混凝土板宽度（mm）。

$$d_w = k \cdot d_a \qquad （附 15.27）$$

式中，d_a 是钢筋的公称直径（mm）；k 是取决于钢筋类型的常数，参见下表。

加固方式	k
带肋钢筋、tentor 钢	1.0
普通钢筋	0.5

因此，裂缝参数可表示为

$$a_w = h_b \cdot \frac{b_b}{(b_b - \Delta b)/\Delta b \cdot d_w} = \frac{h_b \cdot \Delta b}{(1 - \Delta b / b_b) \cdot d_w} \qquad （附 15.28）$$

式中，Δb 是钢筋间的距离（mm）。

对于 b 远远大于Δb，这里有

$$a_w = \frac{h_b \cdot \Delta b}{d_w} \qquad （附 15.29）$$

自由收缩应变 ε_s 可以基于以下经验公式估算获得平均值。

$$\varepsilon_s = \varepsilon_c \cdot k_b \cdot k_d \cdot k_t \qquad （附 15.30）$$

式中，ε_s 是收缩变形系数（%）；ε_c 是基础收缩量（%）；k_b 是考虑到混凝土组成影响的系数（无量纲）；k_d 是考虑到维度的系数（无量纲）；k_t 是考虑到收缩时间的系数（无量纲）。

基础收缩量可以计算为

$$\varepsilon_c = \frac{0.089(100 - \mathrm{RF})}{167 - \mathrm{RF}} \tag{附 15.31}$$

式中，RF 是相对空气湿度（%）。

基于混凝土组成计算 k_b：

$$k_b = 0.007\,\mathrm{CM}\,(v/c+0.333)\cdot v/c \tag{附 15.32}$$

式中，CM 是水泥含量（kg/m^3）；v/c 是水灰比（无量纲）。

通过以下公式计算等效半径 r 和 k_d：

$$r = \frac{2\cdot b_b \cdot h_b}{b_b} = 2\cdot h_b \tag{附 15.33}$$

$$k_d = \frac{0.25(852 + r)}{132 + r} \tag{附 15.34}$$

式中，r 是建筑物的等效半径（mm）。

时间的影响：

$$k_t = \frac{t_s^{\alpha}}{t_s^{\alpha} + t_0} \tag{附 15.35}$$

$$t_0 = 9\left(\sqrt{10}\right)^{\alpha-\beta} \tag{附 15.36a}$$

$$\alpha = 0.75 + 0.125\beta \tag{附 15.36b}$$

$$\beta = \frac{\ln\left(0.02\cdot r\right)}{\ln 2} \tag{附 15.36c}$$

式中，t_s 是收缩时间（d）；t_0、α 和 β 是辅助参数（无量纲）。

3.5.2　钢筋拉力计算

根据 *Beton-Bogen*（《混凝土大全》）[6] 进行计算。

钢筋比 φ 为

$$\varphi = \frac{A_s}{A_b} = \frac{\left(\left(b_b - \Delta b\right)/\Delta b\right)\cdot \pi \cdot \left(\dfrac{d}{2}\right)^2}{h_b \cdot b_b} = \frac{\pi\cdot d^2}{4\cdot h_b\cdot \Delta b},\quad b_b \gg \Delta b \tag{附 15.37}$$

式中，φ 是钢筋比（无量纲）；A_s 是钢筋截面积（mm^2）；A_b 是混凝土截面积（mm^2）；d 是钢筋直径。

弹性模量 n 为

$$n = \frac{E_s}{E_b} \tag{附 15.38}$$

式中，n 是弹性模量（无量纲）；E_s 是钢的弹性系数（MPa）；E_b 是混凝土的弹性系数（MPa）。

钢筋的缩应力为

$$\sigma_s = \frac{\varepsilon_s \cdot E_s}{(1+n \cdot \varphi) \cdot 100} \tag{附 15.39}$$

根据《丹麦混凝土标准规范 DS411》[5]，裂缝宽度可以通过公式计算：

$$w = 5 \cdot 10^{-5} \cdot \sigma_s \cdot \sqrt{a_w} \tag{附 15.40}$$

式中，w 是裂缝宽度（mm）；σ_s 是钢筋应力（MPa）；a_w 是断裂参数（mm）。

3.5.3　裂缝间距计算

根据 *Beton-Bogen*（《混凝土大全》）[6]，最小的裂缝间距可以计算为

$$l_m = \frac{a_w}{\pi} \tag{附 15.41}$$

式中，l_m 是最小的裂缝间距（mm）。

平均裂缝间距为

$$l_w = 1.5 \cdot l_m \tag{附 15.42}$$

式中，l_w 是平均裂缝间距（mm）。

该公式适合于 a_w <2000 的情况。

总的裂缝长度为

$$l_{tot} = \left(\frac{l_b \cdot 1000}{l_w} - 1\right) \cdot h + \left(\frac{l_1 \cdot 1000}{l_w} - 1\right) \cdot l_b \tag{附 15.43}$$

式中，l_{tot} 是总的裂缝长度（m）；l_1 是地板长度（m）；l_b 是地板宽度（m）。

3.5.4　通过裂缝的空气传输的计算

以下为根据 Baker、Sharples 和 Ward [7] 开展的通过裂缝的空气传输计算。

基于立方定律（cubic law）计算通过混凝土甲板的空气体积流量。

$$Q_b = \frac{l_{tot} \cdot w^3}{12 \cdot \mu} \cdot \frac{\Delta P \cdot 10^{-6}}{h_b} \tag{附 15.44}$$

式中，Q_b 是通过混凝土板的体积流量（m^3/s）；l_{tot} 是总的裂缝长度（m）；w 是裂缝宽度（mm）；ΔP 是混凝土板上的压力差（Pa）；h_b 是混凝土板厚度（mm）；μ 是土壤系统中空气的动态黏度［kg/（m • s)］。

每平方米地板面积对应的空气体积流量 q 为

$$q = \frac{Q_b}{A_g} = \frac{l_{tot} \cdot w^3}{8 \cdot \mu} \cdot \frac{\Delta P \cdot 10^{-6}}{h_b \cdot A_g} \tag{附 15.45}$$

式中，A_g 是地板面积（m^2） = $l_1 \times l_b$。

地板周围的质量平衡：

通过土壤的扩散量等于通过混凝土扩散和对流的总和：

$$N_1 \cdot D_L \frac{C_L - C_P}{x_1} = N_b \cdot D_L \frac{C_P - C_K}{x_b} + q \cdot C_P \tag{附 15.46}$$

式中，N_1 是混凝土板下土壤地层的材料常数，x_1 是它的厚度；N_b 是混凝土板的材料常数，x_b 是它的厚度；C_L 是污染土壤中污染物气体的浓度（mg/m^3）；C_P 是混凝土板下土壤气体的浓度（mg/m^3）；C_K 是对流和扩散对室内空气浓度贡献的总和（mg/m^3）；q 是每平方米地板面积对应的体积流量（通过地板裂缝的对流）；D_L 是污染物在空气中的传播常数（m^2/s）。

建筑物内质量平衡：

建筑物内流量等于通过混凝土板对流和扩散的总和。

$$C_K \cdot L_h \cdot L_s = N_b \cdot D_L \frac{C_P - C_K}{x_b} + q \cdot C_P \tag{附 15.47}$$

式中，L_h 是建筑物的天花板高度（m）；L_s 是建筑物内空气更新频率（时间$^{-1}$）。

联立公式（附 15.46）和（附 15.47）得到：

$$C_K = \frac{\left(\dfrac{N_b \cdot D_L}{x_b} + q\right) C_L}{L_h \cdot L_s + \dfrac{N_b x_1 L_h \cdot L_s}{x_b N_1} + \dfrac{N_b \cdot D_L}{x_b} + \dfrac{q x_1 L_h L_s}{N_1 \cdot D_L}} \tag{附 15.48}$$

如果可以测量得到地板下土壤气体浓度 C_P，则其对室内空气的污染贡献 C'_K 可以使用以下公式计算：

$$C'_K = \frac{C_P \cdot \left(\dfrac{N_b \cdot D_L}{x_b} + q\right)}{L_h \cdot L_s + \dfrac{N_b \cdot D_L}{x_b}} \tag{附 15.49}$$

式中，C'_K 是基于土壤气测量浓度计算得到的污染贡献（mg/m^3）。

如果混凝土板下有多个不同的土层，所有土层的总的材料常数和等效厚度可以计算为

$$N_J = N_1 \tag{附 15.50}$$

$$x_J = x_1 + x_2 \cdot \frac{N_1}{N_2} + \cdots + x_n \frac{N_1}{N_n} \tag{附 15.51}$$

式中，N_J 是所有土层的等效材料常数；x_J 是所有土层的等效厚度。

4. 土壤类型、混凝土参数和建筑物参数相关资料

附表 15.1～附表 15.3 提供了多种类型的土壤相关参数、混凝土参数和建筑物参数的数值。

土壤参数表示为四种不同类型的土壤：两种代表犁层（砂质壤土和黏土）的土壤类型和两种代表犁层以下/根区的土壤类型。这里提供的含水率相当于干燥土壤（定义为基于自然排水的土壤）。

然而，如果上部土层存在增长（例如，对于这两种类型的泥土覆盖），水分含量可能降至无法达到植物生长要求的水平。

对于每个参数，附表 15.1 在第一行提供了一个区间范围，在最后一行提供了一个典型值。

附表 15.1　不同类型土壤的参数

	壤土	砂壤土	黏土	沙土
孔隙度，V_l+V_v，% （基于体积）	35～45 40	40～45 45	35～45 40	35～50 45
含水量，V_v，% （基于体积）	25～35 30	15～35 35	20～40 30	5～35 15
颗粒密度，d，kg/L	2.6～2.7 2.65	2.5～2.6 2.6	2.7～2.8 2.7	2.6～2.7 2.65
体积密度，ρ，kg/L	1.4～1.8 1.7	1.4～1.7 1.6	1.5～1.8 1.8	1.4～1.7 1.7
有机碳含量，f_{oc}，% （基于质量）	1	2	0.1	0.1

在裂缝黏土层中存在来自于裂缝的次生孔隙，其会根据基质含水量和裂缝呈现出更大的材料常数。

对于用于计算扩散和对流对室内空气贡献的混凝土参数（附表 15.2），本书提供的用于钢筋混凝土层的标准值均来自于国家住房和建筑署发布的 *Diffusionsforsøg, betongulve*（《混凝土地面扩散测试》）[8] 和 *Radonvejledningen*（《拉东指南》）[9]。

附表 15.2　混凝土板参数

材料常数，N，无量纲	0.002
钢筋间距，b，mm	50
钢筋直径，d_a，mm	3
相对湿度，RF，%	60
水泥含量，CM，kg/m^3	220
水/水泥比例，v/c，无量纲	0.67
收缩时间，t_s，天	7300
钢的弹性系数，E_s，MPa	210000
混凝土的弹性系数，E_b，MPa	20000

对于其他建筑物参数，可使用如下标准值（附表 15.3）。

附表 15.3　建筑物参数

混凝土层的压力差，ΔP，Pa	5
换气速率，L_s，s^{-1}	8.3×10^{-5}

换气速率 $8.3\times10^{-5}\ s^{-1}$ 相当于 0.3 时间$^{-1}$（表示一个周期）。

5.3.2 节中对于室内空气的风险评估提到了稀释系数 100。使用以下标准值。

换气速率，$L_s = 8.3\times10^{-5}\ s^{-1}$。

空气高度，$L_h = 2.3m$。

混凝土厚度，$h_b = 0.08m$。

混凝土层的压力差，$\Delta P = 5Pa$。

对 $100m^2$ 的楼层计算一组裂缝的长度和宽度（附表 15.4 和附表 15.5），确保稀释系数为 100，参见公式（附 15.45）和（附 15.49）。

附表 15.4　裂缝的宽度和长度

裂缝宽度（mm）	裂缝长度（m）
0.1	640
0.2	70
0.5	4.7
1.0	0.6

附表 15.5　符号列表

符号	解释	单位
α	辅助参数	无量纲
α_w	裂缝参数	mm
β	辅助参数	无量纲
ε_c	基础收缩	%
ε_s	收缩应变	%
μ	空气的动态黏度	kg/（m·s）
ρ	土壤密度	kg/L
σ_s	抗拉强度	MPa
Φ_n	中性酸分数	无量纲
φ	配筋比	无量纲
A	面积	m^2
A_{cef}	承受拉力的混凝土活动面积	mm^2

续表

符号	解释	单位
a_w	裂缝系数	mm
b	污染区域宽度	m
b_b	混凝土层的有效宽度	mm
Δb	钢筋间距	mm
C_i	室内空气的扩散污染物贡献	mg/m^3
C_L	初始的土壤气体浓度	mg/m^3
$C_{L,max}$	饱和蒸汽浓度	mg/m^3
C_K	对流和扩散的污染物贡献	mg/m^3
C'_K	基于土壤气体浓度计算的污染物浓度贡献	mg/m^3
CM	水泥含量	kg/m^3
C_0	本底浓度	mg/m^3
C_P	混凝土下的土壤气体浓度	mg/m^3
C'_P	测得的土壤气体浓度	mg/m^3
C_T	总气体浓度	mg/kg
C_u	对户外的扩散气体贡献	mg/m^3
d	颗粒浓度	kg/L
d_a	钢筋直径	mm
d_w	裂缝决定的钢筋直径	mm
D_L	扩散系数	m^2/s
E_b	混凝土的弹性系数	MPa
E_s	钢的弹性系数	MPa
f_L	土壤气体污染物相对总气体污染物量的比例	无量纲
f_{oc}	有机碳含量	相对质量比
h	在大气中的混合高度.	m
h_b	混凝土层的厚度	mm
J	挥发量	$mg/（m^2 \cdot s）$
J_{max}	在平衡饱和溶液水中对土壤颗粒有机物组分的最大吸收量	mg/kg
k	依赖钢筋常数	无量纲
k_b	考虑到混凝土成分的系数	无量纲
K_D	土壤/水的比例	L/kg
k_d	考虑到尺寸影响的系数	无量纲
k_f	考虑到收缩时间的系数	无量纲
K_{oc}	有机碳/水分配系数	L/kg
K_{ow}	辛醇/水分配系数	无量纲

续表

符号	解释	单位
l	污染面积长度	m
l_b	地板宽度	m
L_h	建筑的室内净高	m
l_l	地板长度	m
l_m	混凝土内的最小裂缝间距	mm
L_s	建筑的通风速率	s^{-1}
l_{tot}	混凝土的总裂缝长度	m
l_w	混凝土的平均裂缝间距	mm
m	分子质量	g/mol
M_J	土壤颗粒的实际吸附量	mg/m^3 土壤
$M_{J,max}$	土壤颗粒的最大吸附量	mg/m^3 土壤
M_L	土壤气体的实际量	mg/m^3 土壤
$M_{L,max}$	土壤气体的最大量	mg/m^3 土壤
M_V	土壤水的实际量	mg/m^3 土壤
$M_{V,max}$	土壤水的最大量	mg/m^3 土壤
n	弹性模量	无量纲
N_n	第 n 层材料常数	无量纲
N_J	等效材料常数	无量纲
P	混凝土层上的压力差	Pa
p	分压	N/m^2
pK_a	酸解离常数	无量纲
Q	质量流速	mg/s
Q_b	通过混凝土层的体积流量	m^3/s
q	每平方米通过混凝土层的体积流量	m/s
r	结构的等效半径	Mm
R	气体常数	J/（mol・K）
RF	相对湿度	%
S	溶解度	mg/m^3
T	温度	K
t_0	辅助参数	无量纲
t_s	收缩时间	天
v	风速	m/s
v/c	水灰比	无量纲
V_J	土壤中土壤颗粒的相对体积比例	%

续表

符号	解释	单位
V_L	土壤中空气的相对体积比例	%
V_V	土壤中水的相对体积比例	%
w	混凝土裂缝宽度	mm
X_n	第 n 层扩散抑制的厚度	m
x_J	等效厚度	m

参考文献

[1] Mackay，D. and Paterson，S.：Calculating Fugacity，Environmental Science and Technology，Vol. 15，No 9，1981.

[2] The Environmental Protection Agency. Project No. 20，1996：Kemiske stoffers opførsel i jord og grundvand（‘C hemical substance behaviour in soil and groundwater’）.

[3] Lugg，G. A.：Diffusion Coefficients of Some Organic and Other Vapours in Air，Analytical Chemistry，40，1968.

[4] Millington，R. J.：Gas Diffusion in Porous Media，Science，130，1959.

[5] Dansk Ingeniørforenings norm for betonkonstruktioner（‘Danish standard specifications for concrete constructions’），1984. Dansk Standard DS411.

[6] Herholdt，A. D.，Justesen，C. F. P.，Nepper Christensen，P. & N ielsen，A. 1985：Beton-Bogen（‘The Concrete Book’）.

[7] Baker，P. H.，Sharples，S. & Ward I. C.：Air Flow Through Cracks. Building and environment，vol. 22，no. 4 1987. Cracks. Building and Environment，vol. 22，no. 4，1987.

[8] The National Housing and Building Agency，1992：Diffusionsforsøg，betongulve（‘Diffusion tests，concrete floors’）.

[9] The National Housing and Building Agency，1993：Radon og Nybyggeri（‘Radon and New Buildings’）.

附录 16　土壤挥发性物质挥发计算案例

1. 背景

如附图 16.1 所示，该案例为三氯乙烯污染物对于室内空气和室外空气浓度贡献的计算。这些公式按附录 15 进行编号。

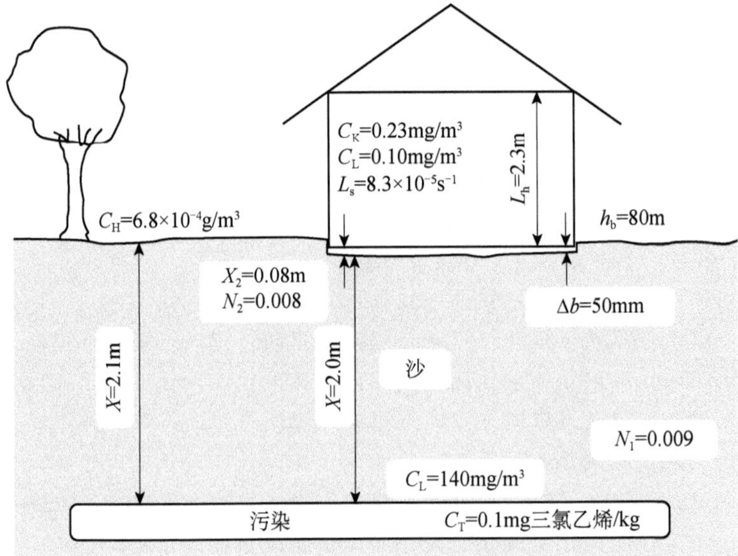

附图 16.1　对室外空气和室内空气污染贡献计算的案例

附表 16.1 和附表 16.2 显示了计算中使用到的标准值、虚构的调查数值和化学常数。

附表 16.1　标准值和调查值

	标准值	调查值
空气的相对体积比，V_L	0.30	
水的相对体积比，V_V	0.15	
土壤的相对体积比，V_J	0.55	
温度，T	298 K = 25℃	
土壤颗粒密度，d	2.65kg/L	
土壤中三氯乙烯浓度，C_T		0.1mg/kg
土壤密度，ρ	1.7kg/L	

续表

	标准值	调查值
土壤中有机物含量，f_{oc}	0.002	
室外砂层厚度，X		2.1m
室内地板下砂层厚度，X_1		2.0m
混凝土层厚度，X_2		0.08m
混凝土材料常数，N_2	0.002	
建筑物室内高度，L_h		2.3m
建筑物内空气更新频率，L_s	$8.3\times10^{-5}s^{-1}$	
混凝土层上方压力差，ΔP	5 Pa	
混凝土层厚度，h_b		80mm
钢筋间距，Δb	50mm	
钢筋直径，d_a	3mm	
相对湿度，RF	60%	
水泥含量，CM	$220kg/m^3$	
水灰比，v/c	0.67	
收缩时间，t_s	7300 天	
空气的动力黏度，μ	1.8×10^{-5}kg/（m・s）	
地板长度		10m
地板宽度		10m

三氯乙烯的化学常数摘自附录 17 中的附表 17.4。

附表 16.2　化学常数

三氯乙烯分压，p	$9900\ N/m^2$
三氯乙烯分子质量，m	131.39g/mol
气体常数，R	8.314 J/（mol・K）
三氯乙烯溶解度，S	$1400000mg/m^3$
三氯乙烯扩散系数，D_L	$8.8\times10^{-6}m^3/s$
三氯乙烯辛醇/水分配系数，K_{ow}	$10^{2.53}$L/kg

2. 计算

2.1　土壤中相分布

土壤的总体积可以视为土壤各相体积之和。

$$V_L+V_V+V_J=1 \tag{附 16.1}$$

式中，V_L是土壤中空气的相对体积比；V_V是土壤中水的相对体积比；V_J 是土壤中土壤颗粒的相对体积比。

在每立方米土壤中分布在土壤三相中最大的三氯乙烯含量可以通过公式（附16.2）～（附 16.6）计算：

在土壤气相中（土壤气）：

$$M_{L,max} = V_L \times C_{L,max} = 0.30 \times 525000 = 158000(mg/m^3) \quad \text{（附 16.2）}$$

式中，$M_{L,max}$是土壤气中三氯乙烯的最大含量（mg/m^{3}土壤体积）；$C_{L,max}$是污染物的饱和蒸汽浓度（mg/m^{3}土壤气）。

$C_{L,max}$可以通过理想气体原则基于三氯乙烯分压进行计算。

$$C_{L,max} = \frac{p \cdot m \cdot 10^3}{R \cdot T} = \frac{9900 \cdot 131.39 \cdot 10^3}{8.314 \cdot 298} = 557000(mg/m^3) \quad \text{（附 16.3）}$$

式中，p是三氯乙烯分压（9900N/m^2）；m是三氯乙烯分子质量（131.39g/mol）；R是气体常数［8.314J/（mol • K）］；T是温度（298K=25℃）。

在土壤水相中（土壤水）：

$$M_{V,max} = V_V \cdot S = 0.15 \times 1400000 = 210000(mg/m^3) \quad \text{（附 16.4）}$$

式中，$M_{V,max}$是土壤水中三氯乙烯最大含量（mg/m^{3}土壤体积）；S是三氯乙烯在水中的溶解度（1400000mg/m^{3}土壤水）。

在土壤颗粒相中：

$$\begin{aligned} M_{J,max} &= V_J \cdot d \cdot K_{oc} \cdot f_{oc} \cdot S \\ &= 0.55 \times 2.65 \times 10^{1.79} \times 0.002 \times 1400000 = 252000(mg/m^3) \end{aligned} \quad \text{（附 16.5）}$$

式中，$M_{J,max}$是吸附到土壤颗粒有机组分中的三氯乙烯最大含量（mg/m^{3}土壤体积）；d是土壤颗粒密度（2.65kg/L）；K_{oc}是三氯乙烯在有机碳和水中的比例（L/kg）；f_{oc}是土壤有机碳含量（0.002）。

碳酸盐和水中三氯乙烯的比例可以基于辛醇/水分配系数K_{ow}估算得到，见公式（附 16.6）：

$$\begin{aligned} \log K_{oc} &= 1.04 \times \log K_{ow} - 0.84 \\ &= 1.04 \times 2.53 - 0.84 = 1.79 \end{aligned} \quad \text{（附 16.6）}$$

土壤中三氯乙烯的最大容量（在即将形成非水相液体之前）为

$$\begin{aligned} & M_{L,max} + M_{V,max} + M_{J,max} \\ &= 158000 + 210000 + 252000 \\ &= 620000(mg/m^3) \end{aligned}$$

基于上述提到的假设：污染物在土壤三相间的相对分布与土壤中总浓度无

关，据此可以计算土壤三相中三氯乙烯的分布。

以下适用于土壤气相。

$$f_{\mathrm{L}}=\frac{M_{\mathrm{L,max}}}{M_{\mathrm{L,max}}+M_{\mathrm{V,max}}+M_{\mathrm{J,max}}}=\frac{M_{\mathrm{L}}}{M_{\mathrm{L}}+M_{\mathrm{V}}+M_{\mathrm{J}}}=\frac{167000}{629000}=0.266 \quad （附 16.7）$$

式中，f_{L}是相对于土壤中三氯乙烯总量的土壤气中相对含量（以每 m^3 土壤计）；M_{L}、M_{V}、M_{J}是各相中三氯乙烯的实际含量（mg/m^3 土壤）。

基于总的土壤浓度C_{T}（0.1mg 三氯乙烯/kg 土壤体积），可以确定空气中三氯乙烯含量M_{L}：

$$M_{\mathrm{L}}=f_{\mathrm{L}}\cdot C_{\mathrm{T}}\cdot\rho\cdot 10^3=0.25\times 0.1\times 1.7\times 10^3=43.3（\mathrm{mg/m^3}土壤体积） \quad （附 16.8）$$

式中，C_{T}是土壤中三氯乙烯的浓度（0.1mg/kg）；ρ是土壤密度（1.7kg/L）。

土壤气中三氯乙烯的浓度C_{L}是根据土壤中三氯乙烯的浓度C_{T}计算的，见公式（附 16.9）。

$$C_{\mathrm{L}}=\frac{M_{\mathrm{L}}}{V_{\mathrm{L}}}=\frac{45.2}{0.3}=150（\mathrm{mg/m^3}土壤气） \quad （附 16.9）$$

C_{L}不超过$C_{\mathrm{L,max}}$，意味着此时土壤中不存在非水相液体。如果C_{L}超过$C_{\mathrm{L,max}}$，说明此时土壤中存在非水相液体，将在后面的计算中使用$C_{\mathrm{L,max}}$。

由于计算出的建筑物下方土壤气浓度是其挥发标准（$0.001\mathrm{mg/m^3}$）的 100 倍以上和户外区域挥发标准的 10 倍以上，因此可以进行土壤气测量。如果足够数量的土壤气测量表明建筑物内土壤气浓度小于 $0.1\mu\mathrm{g/m^3}$ 或在户外区域小于 $0.01\mu\mathrm{g/m^3}$，则该场地可以被排除。

如果测量的土壤气浓度分别大于挥发标准的 10 倍和 100 倍，则需分别基于扩散对室外空气的贡献公式（2.2 节）及扩散和对流对室内空气的贡献公式（2.3 节和 2.4 节）进行计算。

2.2　扩散对室外空气污染物浓度的贡献

$$J=-N\cdot D_{\mathrm{L}}\frac{C_0-C_{\mathrm{L}}}{X}=-0.09\times 8.8\times 10^{-6}\times\frac{0-140}{2.1}$$
$$J=5.4\times 10^{-5}[\mathrm{mg/(m^2\cdot s)}] \quad （附 16.10）$$

式中，J是挥发通量［$\mathrm{mg/(m^2\cdot s)}$］；N是材料常数（无量纲）；D_{L}是空气中三氯乙烯的扩散系数（$8.8\times10^{-6}\mathrm{m^2/s}$）；$X$是对应浓度$C_{\mathrm{L}}$的深度（2.1m）；$C_0$是场地背景浓度（$\mathrm{mg/m^3}$），其远小于$C_{\mathrm{L}}$，设置为 0。

砂的材料常数N计算如下：

$$N=V_{\mathrm{L}}^{3.33}/\left(V_{\mathrm{L}}+V_{\mathrm{V}}\right)^2=0.30^{3.33}/(0.30+0.15)^2=0.09 \quad （附 16.11）$$

$$C_u = \frac{J}{v \cdot 0.08} = \frac{5.7 \times 10^{-5}}{2 \times 0.08} = 3.5 \times 10^{-4} (\text{mg/m}^3) \quad （附 16.12）$$

式中，C_u是三氯乙烯扩散对室外空气的贡献；v是风速（1m/s）。

三氯乙烯扩散对室外空气的贡献为0.00068mg/m^3，低于其挥发标准0.001mg/m^3。

2.3 扩散对室内空气污染物浓度的贡献

$$J = \frac{-(N_1 \cdot N_2) \cdot D_L \cdot (C_0 - C_L)}{N_2 \cdot X_1 + N_1 \cdot X_2}$$

$$J = \frac{-(0.09 \times 0.002) \times 8.8 \times 10^{-6} \times (0 - 150)}{0.002 \times 2 + 0.09 \times 0.08} \quad （附 16.13）$$

$$J = 1.47 \times 10^{-5} [\text{mg/(m}^2 \cdot \text{s)}]$$

式中，J是挥发通量［mg/（m^2·s）］；N_1是砂的材料常数（0.09）；N_2是混凝土的材料常数（0.002）；D_L是空气中三氯乙烯的扩散系数（8.8×10^{-6}m^2/s）；X_1是砂层厚度（2.0m）；X_2是混凝土层厚度（0.08m）；C_0是场地背景浓度（mg/m^3），该值远小于C_L，将其设置为0。

$$N_1 = V_L^{3.33} / (V_V + V_L)^2 = 0.3^{3.33} / (0.3 + 0.15)^2 = 0.09 \quad （附 16.14）$$

N_2=0.002，相当于环保型中性混凝土。

$$C_i = \frac{J}{L_h \cdot L_s} = \frac{1.47 \times 10^{-5}}{2.3 \times 1.4 \times 10^{-4}} = 0.061 (\text{mg/m}^3) \quad （附 16.15）$$

式中，C_i是三氯乙烯扩散对室内空气的贡献（mg/m^3）；L_h是建筑物室内高度（2.3m）；L_s是建筑物空气更新频率（8.3×10^{-5}s^{-1}）。

由此确定了扩散对室内空气的贡献为0.10mg/m^3。

2.4 通过混凝土层的对流对室内空气污染物浓度的贡献

2.4.1 裂缝长度和宽度的计算

地板由8cm厚加固的环保中性混凝土构成，内含20根3mm tentor钢筋，钢筋间距1000mm；这与*Radonvejledningen*（《拉东指南》）中的混凝土层要求一致[1]。

$$d_w = k \cdot d_a = 1 \times 3 = 3 (\text{mm}) \quad （附 16.16）$$

式中，d_w是根据裂缝检测的钢筋直径；d_a是钢筋理论直径（3mm）；k=1，所用钢筋为tentor钢。

$$a_w = \frac{h_b \cdot \Delta b}{d_w} = \frac{80 \times 50}{3} = 1333 (\text{mm}) \quad （附 16.17）$$

式中，a_w是裂缝参数（mm）；h_b是混凝土层厚度（80mm）；Δb是钢筋间距（50mm）。

自由收缩应变ε_s可以计算为

$$\varepsilon_s = \varepsilon_c \cdot k_b \cdot k_d \cdot k_t = 0.0333 \times 1.035 \times 0.866 \times 0.989 = 0.0295(\%) \quad （附 16.18）$$

式中，ε_s 是收缩应变（%）；ε_c 是基础收缩（%），见公式（附 16.19）；k_b 是考虑到混凝土组分影响的系数（无量纲），见公式（附 16.20）；k_d 是考虑到几何结构影响的系数（无量纲），见公式（附 16.22）；k_t 是考虑到收缩时间影响的系数（无量纲），见公式（附 16.23）。

基础收缩可以计算为

$$\varepsilon_c = \frac{0.089 \times (100 - \mathrm{RF})}{167 - \mathrm{RF}} = \frac{0.089 \times (100 - 60)}{167 - 60} = 0.0333(\%) \quad （附 16.19）$$

式中，RF 是相对湿度（60%）。

根据混凝土组成计算 k_b。

$$k_b = 0.007 \cdot \mathrm{CM} \cdot (v/c + 0.333) \cdot v/c$$

$$k_b = 0.007 \times 200 \times (0.67 + 0.333) \times 0.67 = 1.035 \quad （附 16.20）$$

式中，CM 是水泥含量（220kg/m^3）；v/c 是水/水泥比例（0.67）。

通过以下公式计算等效半径 r 和 k_d：

$$r = 2 \cdot h_b = 2 \times 80 = 160（\mathrm{mm}） \quad （附 16.21）$$

$$k_d = \frac{0.25 \cdot (852 + r)}{132 + r} = \frac{0.25 \times (852 + 160)}{132 + 160} = 3.466 \quad （附 16.22）$$

式中，r 是等效施工半径（mm）。

时间的影响：

$$k_t = \frac{t_s^{\propto}}{t_s^{\propto} + t_0} = \frac{7300^{0.96}}{7300^{0.96} + 57.4} = 0.989 \quad （附 16.23）$$

$$t_0 = 9 \cdot \left(\sqrt{10}\right)^{\alpha \cdot \beta} = 9 \times \left(\sqrt{10}\right)^{0.96 \times 1.68} = 57.4 \quad （附 16.24a）$$

$$\propto = 0.75 + 0.125 \cdot \beta = 0.75 + 0.125 \times 1.68 = 0.96 \quad （附 16.24b）$$

$$\beta = \frac{\ln(0.02 \cdot r)}{\ln 2} = \frac{\ln(0.02 \times 160)}{\ln 2} = 1.68$$

式中，t_s 是收缩时间（7300 天）；t_0、α 和 β 是辅助参数（无量纲）。

2.4.2 钢筋张力计算

依据 *Beton-Bogen*（《混凝土大全》）[2] 进行计算，配筋率 φ 为

$$\varphi = \frac{A_s}{A_b} = \frac{\pi\pi \cdot d_a^2}{4 \cdot h_b \cdot \Delta b} = \frac{\pi\pi \times 3^2}{4 \times 80 \times 50} = 0.00177 \quad （附 16.25）$$

式中，φ 是配筋率（无量纲）；A_s 是钢筋横断面面积（28.27mm^2）；A_b 是混凝土横断面面积（16000mm^2）。

弹性应变 n 为

$$n=\frac{E_{\mathrm{s}}}{E_{\mathrm{b}}}=\frac{210000}{20000}=10.5 \quad （附 16.26）$$

式中，n 是弹性应变（无量纲）；E_{s} 是钢的弹性系数（210000MPa）；E_{b} 是混凝土的弹性系数（20000MPa）。

钢筋的压缩应力：

根据《丹麦混凝土标准规范 DS411》[3]，裂缝宽度可以通过该公式计算：

$$\sigma_{\mathrm{s}}=\frac{\varepsilon_{\mathrm{s}}\cdot E_{\mathrm{s}}}{(1+n\cdot\varphi)\cdot 100}=\frac{0.0295\times 210000}{(1+10.5\times 0.00177)\times 100}=60.8\ (\mathrm{MPa}) \quad （附 16.27）$$

$$w=5\cdot 10^{-5}\sigma_{\mathrm{s}}\cdot\sqrt{a_{\mathrm{w}}}=5\times 10^{-5}\times 60.8\times\sqrt{1333}=0.111\ (\mathrm{mm}) \quad （附 16.28）$$

式中，w 是裂缝宽度（mm）；σ_{s} 是钢筋张力（60.8MPa）；a_{w} 是裂缝参数（1667mm）。

该公式适用于 $a_{\mathrm{w}}<2000$ 的情况。

2.4.3 裂缝间距计算

根据 *Beton-Bogen*（《混凝土大全》）[2]，最小的裂缝间距计算如下：

$$l_{\mathrm{m}}=\frac{a_{\mathrm{w}}}{\pi}=\frac{1333}{\pi}=424\ (\mathrm{mm}) \quad （附 16.29）$$

式中，l_{m} 是最小的裂缝间距（mm）。

平均裂缝间距计算如下：

$$l_{\mathrm{w}}=1.5\times l_{\mathrm{m}}=1.5\times 424=636\ (\mathrm{mm}) \quad （附 16.30）$$

式中，l_{w} 是平均裂缝间距（mm）。

总的裂缝长度计算如下：

$$l_{\mathrm{tot}}=\left(\frac{l_{\mathrm{b}}\cdot 1000}{l_{\mathrm{w}}}-1\right)\cdot l_{1}+\left(\frac{l_{1}\cdot 1000}{l_{\mathrm{w}}}-1\right)\cdot l_{\mathrm{b}}$$

$$l_{\mathrm{tot}}=\left(\frac{10\mathrm{m}\times 1000}{636\mathrm{m}}-1\right)\times 10+\left(\frac{10\times 1000}{636}-1\right)\times 10 \quad （附 16.31）$$

$$l_{\mathrm{tot}}=294\ (\mathrm{m})$$

式中，l_{tot} 是总的裂缝长度（m）；l_{1} 是地板长度（10m）；l_{b} 是地板宽度（10m）。

每平方米地板上空气体积流量 q 计算如下。

2.4.4 通过裂缝的空气传输计算

$$q=\frac{l_{\mathrm{tot}}\cdot w^{3}}{12\cdot\mu}\cdot\frac{\Delta P\cdot 10^{-6}}{h_{\mathrm{b}}\cdot A_{\mathrm{g}}}=\frac{294\times 0.111^{3}}{12\times 1.76\times 10^{-5}}\times\frac{10\times 10^{-6}}{80\times 100}$$

$$q=2.38\times 10^{-6}\ [(\mathrm{m}^{3}/\mathrm{s})/\mathrm{m}^{2}] \quad （附 16.32）$$

式中，q 是每平方米地板上空气体积流量［(m^3/s)/m^2］；ΔP 是混凝土层上方压力差（5Pa）；μ 是气体的动力黏度［1.8×10^{-5}kg/（m · s）］；A_g 是地板面积（$100m^2$），也就是 $l_1 \cdot l_b$；w 是裂缝宽度（0.111mm）；h_b 是混凝土层厚度（80mm）；l_{tot} 是总的裂缝长度（294m）。

地板上方浓度 C_K 可以计算如下：

$$C_K = \frac{\left(\frac{N_b D_L}{x_b} + q\right) C_L}{L_h L_s + \frac{N_b x_1 L_h L_s}{x_b N_1} + \frac{N_b D_L}{x_b} + \frac{q x_1 L_h L_s}{N_1 D_L}} \tag{附 16.33a}$$

式中，N_1 是砂的材料常数（0.09）；D_L 是空气中三氯乙烯的扩散系数（$8.8\times10^{-6}m^2/s$）；C_L 是污染区域土壤气中的污染物浓度（140mg/m^3 土壤气）；x_1 是地板下砂层厚度（2.0m）；N_b 是混凝土的材料系数（0.002）；x_b 是混凝土层的厚度（0.08m）；q 是 1.16×10^{-6}（m^3/s）/m^2；L_s 是建筑物内空气更新频率（$8.3\times10^{-5}s^{-1}$）；L_h 是建筑物室内高度（2.3m）。

当这些值代入公式时得到如下结果：

$$C_K = \frac{\left(\frac{0.002\times8.8\times10^{-6}}{0.08} + 1.6\times10^{-6}\right)\times140}{2.3\times8.3\times10^{-5} + \frac{0.002\times2.0\times2.3\times8.3\times10^{-5}}{0.08\times0.09} + \frac{0.028.810^{-6}}{0.08} + \frac{1.16\times10^{-6}\times2.0\times2.3\times8.3\times10^{-5}}{0.09\times8.8\times10^{-6}}} \tag{附 16.33b}$$

计算得到的扩散贡献（C_i=0.10mg/m^3）和总贡献（C_K=0.23mg/m^3）均大于三氯乙烯挥发标准 0.001mg/m^3。

由于已超过室内空气挥发标准，必须对室内空气进行调查；必须开展相应的修复措施以确保室内空气质量处于可接受水平。

考虑到与测量点 X_n 的距离，将土壤气测量相关数值用于 2.2 节和 2.3 节中的公式（附 16.10）或（附 16.13）中，以替代 C_L。

参考文献

［1］The National Housing and Building Agency，1993：*Radon og Nybyggeri*（'Radon and New building'）.

［2］Herholdt，A. D.，Justesen，C. F. P.，Nepper Christensen，P. & N ielsen，A. 1985：*Beton-Bogen*（'The Concrete Book'）.

［3］*Dansk Ingeniørforenings norm for betonkonstruktioner*（'Danish standard specifications for concrete constructions'），1984. Dansk Standard DS411.

附录 17　物理和化学资料

对于室内或室外空气的计算，可以基于土壤样品或水样的分析，通过逸度原理估算土壤气浓度。

对于物质分组：

- 单环芳烃。
- 多环芳烃。
- 脂肪烃。
- 含氯脂肪烃。

化学参数：

- 分子质量。
- 蒸汽压。
- 水溶解度。
- 辛醇/水分配系数。

这些参数都列于附表 17.1～附表 17.4。

对于酚类，列出了上述提到的化学参数及酸解离常数（附表 17.5）。

化学常数：

- 分子量。
- 蒸汽压。
- 水溶解度。
- 辛醇/水分配系数。
- 酸解离常数。

这些都来自于 *Miljøstyrelsens Projekt om jord og grundvand*（“环保署土壤和地下水项目”）第二十条[1]。

扩散系数取自 Lugg[2] 或是根据 *Miljøstyrelsens Projekt om jord og grundvand*（“环保署土壤和地下水项目”）[1] 第二十条的公式（附 17.1）估算得到。

$$D_2 = D_1\sqrt{\frac{m_1}{m_2}} \tag{附 17.1}$$

式中，D_1 和 D_2 是空气中污染物的扩散系数（m^2/s）；m_1 和 m_2 是污染物分子质量（g/mol）。

附表 17.1　单环芳烃的化学参数

物质名称	分子质量	蒸汽压	水溶解度	辛醇/水分配系数	在空气中的扩散系数
	m	p	S	$\log K_{ow}$	D_L
	g/mol	Pa	mg/L	—	m^2/s
苯	78.1	12700	1760	2.1	9.3×10^{-6}
甲苯	92.1	3800	550	2.7	8.5×10^{-6}
邻二甲苯	106.2	880	180	3.1	7.3×10^{-6}
间二甲苯	106.2	1110	160	3.2	6.9×10^{-6}
对二甲苯	106.2	1170	200	3.2	6.7×10^{-6}
1, 2, 3-三甲苯	120.2	202	66	3.6	7.1×10^{-6}*
1, 3, 5-三甲苯	120.2	328	50～173	3.4	7.1×10^{-6}*
1, 2, 4-三甲苯	120.2	271	66	3.6	7.1×10^{-6}*
乙苯	106.2	1270	170	3.2	7.6×10^{-6}
1-乙基-2-甲苯	120.2	330	40～93	3.5	7.1×10^{-6}*
1-乙基-4-甲苯	120.2	493	95	3.6	7.1×10^{-6}*

* 基于乙苯的扩散系数和公式（附 17.1）计算得出

附表 17.2　多环芳烃的化学参数

物质名称	分子质量	蒸汽压	水溶解度	辛醇/水分配系数	在空气中的扩散系数*
	m	p	S	$\log K_{ow}$	D_L
	g/mol	Pa	mg/L	—	m^2/s
萘	128.2	10.4	31.0	3.36	6.9×10^{-6}
1-甲基萘	142.2	8.8	28.5	3.87	6.5×10^{-6}
2-甲基萘	142.2	9.0	25.4	3.86	6.5×10^{-6}
联苯	154.2	1.3	7.5	4.1	6.3×10^{-6}
苊烯	154.2	0.90	3.93	4.1	6.3×10^{-6}
苊	154.2	0.30	3.42	3.92	6.3×10^{-6}
芴	166.2	0.090	1.98	4.18	6.0×10^{-6}
菲	178.2	0.016	1.2	4.57	5.8×10^{-6}
蒽	178.2	1.4×10^{-3}	0.041	4.54	5.8×10^{-6}
荧蒽	202.3	1.3×10^{-3}	0.21	5.22	5.5×10^{-6}
芘	202.3	6.1×10^{-4}	0.14	5.18	5.5×10^{-6}
苄基（a）蒽	228.3	2.7×10^{-5}	0.014	5.61	5.2×10^{-6}
菌	228.3	8.4×10^{-7}	2.0×10^{-3}	5.91	5.2×10^{-6}
苄基（b）荧蒽	252.3	5.0×10^{-7}	1.5×10^{-3}	6.57	4.9×10^{-6}
苄基（k）荧蒽	252.3	1.3×10^{-8}	8.0×10^{-4}	6.84	4.9×10^{-6}

续表

物质名称	分子质量	蒸汽压	水溶解度	辛醇/水分配系数	在空气中的扩散系数*
苄基（e）芘	252.3	7.4×10^{-7}	4.0×10^{-3}	6.44	4.9×10^{-6}
苄基（a）芘	252.3	7.3×10^{-7}	3.8×10^{-5}	6.05	4.9×10^{-6}
苄基（g, h, i）芘	276.3	1.3×10^{-8}	2.6×10^{-4}	6.90	4.7×10^{-6}
二苄基（a, h）蒽	278.4	3.7×10^{-10}	5.0×10^{-4}	6.50	4.7×10^{-6}

* 基于苯乙烯的扩散系数和公式（附 17.1）计算得出

附表 17.3　脂肪烃的化学参数

物质名称	分子质量	蒸汽压	水溶解度	辛醇/水分配系数	在空气中的扩散系数
	m	p	S	$\log K_{ow}$	D_L
	g/mol	Pa	mg/L	—	m^2/s
甲烷	16.0	2.8×10^{7}	24.2	1.09	1.8×10^{-5}*
乙烷	30.1	4.0×10^{6}	61.5	1.81	1.3×10^{-5}*
丙烷	44.1	9.5×10^{5}	66.8	2.36	1.1×10^{-5}*
正丁烷	58.1	2.5×10^{5}	60.8	2.89	9.4×10^{-6}*
正戊烷	72.2	7.0×10^{4}	40.6	3.62	8.4×10^{-6}
正己烷	86.2	2.1×10^{4}	12.8	4.11	7.3×10^{-6}
正庚烷	100.2	6.2×10^{3}	3.10	4.66	6.2×10^{-6}
正辛烷	114.2	1.8×10^{3}	7.2×10^{-1}	5.18	5.8×10^{-6}***
环戊烷	70.1	4.2×10^{4}	156	3.00	8.6×10^{-6}*
环己烷	84.2	1.3×10^{4}	55	3.44	7.4×10^{-6}**
环庚烷	98.2	2.9×10^{3}	30	3.91	6.9×10^{-6}**
环辛烷	112.2	7.5×10^{2}	7.9	4.47	5.8×10^{-6}***
1-己烯	84.2	2.5×10^{4}	3.39	3.39	7.4×10^{-6}**
1-辛烯	112.2	2.4×10^{4}	4.57	4.57	5.8×10^{-6}***

* 基于戊烷的扩散系数和公式（附 17.1）计算得出；** 基于己烷的扩散系数和公式（附 17.1）计算得出；*** 基于庚烷的扩散系数和公式（附 17.1）计算得出

附表 17.4　含氯脂肪烃的化学参数

物质名称	分子质量	蒸汽压	水溶解度	辛醇/水分配系数	在空气中的扩散系数
	m	p	S	$\log K_{ow}$	D_L
	g/mol	Pa	mg/L	—	m^2/s
一氯甲烷	50.49	570000	5235	0.91	1.4×10^{-6}*
二氯甲烷	84.94	48300	13200	1.25	10.4×10^{-6}
三氯甲烷	119.38	26244	8700	1.97	8.8×10^{-6}*
四氯化碳	153.82	15250	780	2.64	8.3×10^{-6}

续表

物质名称	分子质量	蒸汽压	水溶解度	辛醇/水分配系数	在空气中的扩散系数
一氯乙烷	64.52	133000	5700	1.43	1.1×10^{-5} **
1, 1-二氯乙烷	98.96	30260	4767	1.79	9.2×10^{-6}
1, 1, 1-三氯乙烷	133.41	16500	1250	2.49	7.9×10^{-6}
一氯乙烯	62.5	354600	2763	1.38	1.3×10^{-5} **
1,1-二氯乙烯	96.94	80500	3344	2.13	1.0×10^{-5} ***
顺式-1, 2-二氯乙烯	96.94	27000	3500	1.86	1.0×10^{-5} ***
反式-1, 2-二氯乙烯	96.94	44400	6260	1.93	1.0×10^{-5} ***
三氯乙烯	131.39	9900	1400	2.53	8.8×10^{-6}
四氯乙烯	165.83	2415	240	2.88	8.0×10^{-6}

* 基于二氯甲烷的扩散系数和公式（附 17.1）计算得出；** 基于 1,1-二氯乙烷的扩散系数和公式（附 17.1）计算得出；*** 基于三氯乙烯的扩散系数和公式（附 17.1）计算得出

附表 17.5　酚类物质的化学参数

物质名称	分子质量	蒸汽压	水溶性	辛醇/水分配系数	酸解离常数	在空气中的扩散系数
	m	p	S	$\log K_{ow}$	pK_a	D_L
	g/mol	Pa	mg/L	—	—	m^2/s
苯酚	94.1	26.7	84000	1.5	10.0	8.5×10^{-6}*
邻甲苯酚	108.1	32.0	24500	2	10.3	7.9×10^{-6}*
对甲苯酚	108.1	14.7	23000	2	10.3	7.9×10^{-6}*
2, 4-二甲苯酚	122.2	13.1	4200	2.4	10.6	7.5×10^{-6}*
2-氯苯酚	128.6	189.3	28500	2.2	8.5	7.3×10^{-6}*
2, 4-二氯苯酚	163.0	16.0	4500	3.1	7.9	6.5×10^{-6}*
2, 4, 5-三氯苯酚	197.5	2.9	1200	3.9	7.4	5.9×10^{-6}*
2, 4, 6-三氯苯酚	197.5	2.3	800	3.1	7.4	5.9×10^{-6}*
五氯酚	266.3	0.019	14	5.0	4.7	5.1×10^{-6}*

* 基于苯的扩散系数和公式（附 17.1）计算得出

参考文献

[1] Miljøstyrelsen. Projekt om jord og grundvand nr. 20，1996：*Kemiske stoffers opførsel i jord og grundvand*（The Environmental Protection Agency. Project on soil and groundwater No. 20，1996：*Chemical Substance Behaviour in Soil and Groundwater*'）.

[2] Lugg，G.A. 1968：*Diffusion Coefficients of Some Organic and Other Vapor in Air*. Analytical Chemistry，40，1072-1077.

附录 18 地下水风险评估计算公式

本附录介绍了土壤中发生的混合、相变和扩散过程。更为详细的说明见参考文献［1-5］。

以下阐述了针对饱和区域的三个阶段的风险评估。

- 第一阶段是一种接近污染源的混合模型，基于“不饱和区底部土壤水中污染物浓度等于污染源中污染物浓度”的保守假设，并假定在地下水含水层内最上部的 0.25m 范围内发生混合。

另外，不饱和区域内最上部 0.25m 范围内污染物浓度可以通过分析来自安装在地下水含水层顶部筛管中的地下水样品直接确定。

- 第二阶段是来自污染源下降梯度的混合模型，假定其由于分散效应而导致混合物深度增加。
- 第三阶段，地下水中最终污染物浓度是在同时考虑了饱和区域内污染物分散、吸附和降解过程后进行计算的。第三阶段的起点是第二阶段计算得到的污染物浓度，是第二阶段的延伸。

物质传播模型的描述包含一系列计算参数，其中来自附录 20 中表格或一些教科书中的参数可被视为标准参数。在表中所列的典型计算参数在文本中被指定为标准参数。

实际风险评估相关公式的使用案例见附录 19。

对于不饱和区域不能进行简单的风险评估。然而，为了评估的全面性，本附录提供了用于计算不饱和区域物质浓度（物质一维传输）的方程。

1. 接近污染源的混合模型

不考虑吸附、分散、降解或扩散。假定地下水层是均匀的（一个单层模型），且地下水以恒定速度移动。

以下进行了相关定义：

N 是净渗入量［LT^{-1}］；

A 是污染区域面积［L^2］；

B 是污染区域宽度［L］；

C_0 是污染源浓度［ML^{-3}］；

d_m 是混合层厚度［L］；

V_D是地下水达西流速［LT^{-1}］；

C_g是地下水中污染物自然背景浓度［ML^{-3}］；

K是渗透系数［LT^{-1}］；

i是水力梯度［无量纲］；

V_p是土壤水向地下水的平均流速［LT^{-1}］。

渗透通过污染区域的水流量Q_0可以描述如下：

$$Q_0 = N \cdot A \quad (附 18.1)$$

污染物的流量J_0为

$$J_0 = C_0 \cdot Q_0 = C_0 \cdot N \cdot A \quad (附 18.2)$$

当土壤水渗入饱和区域时，在地下水层内最上部的0.25m处发生混合。

受土壤水渗透而被污染的、流动在污染区域下方的地下水流量Q_g，对应于长度V_D（水的达西速度）、高度0.25m（混合层厚度）和宽度B（污染区域宽度）的立方体区域中的地下水（附图18.1）。

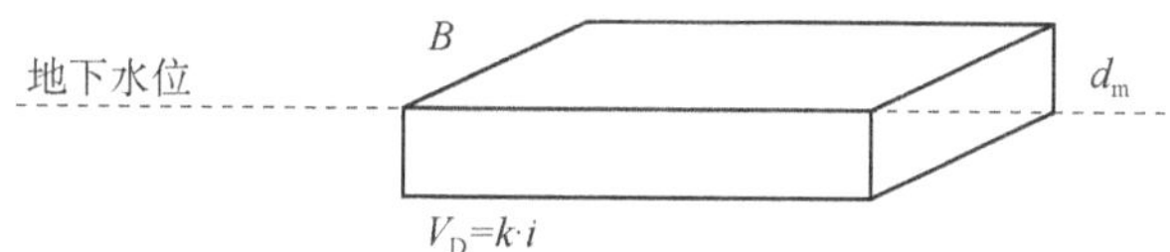

附图18.1　污染区域下方长度V_D（水的达西速度）、高度0.25m（混合层厚度）和宽度B（污染区域宽度）的立方体区域中地下水流量

流动在污染区域下方的地下水流量Q_g为

$$Q_g = B \cdot 0.25 \cdot V_D = B \cdot 0.25 \cdot k \cdot i \quad (附 18.3)$$

式中，$V_D = k \cdot i$［1］。

当计算地下水中污染物浓度时，必须考虑到地下水可能存在某个天然背景浓度C_g。

例如，这个模型适用于大多数金属元素。

污染区域下方流动的地下水中污染物天然含量的流量J_g可以表达为

$$J_g = Q_g \cdot C_g = C_g \cdot 0.25 \cdot k \cdot i \cdot B \quad (附 18.4)$$

地下水中污染物的背景浓度是由不同场地上的人类活动引起的，不应将其计算在内。在这些情况下，设定J_g为0。

污染区域紧邻下方流动的地下水中污染物浓度C_1可以表示为来自土壤水渗透和地下水流入贡献的总和。

$$C_1 = \frac{J_0}{Q_0 + Q_g} + \frac{J_g}{Q_0 + Q_g} \qquad (附 18.5)$$

将这些表达式替换为公式（附 18.1）～（附 18.4），得到如下结果：

$$C_1 = \frac{A \cdot N \cdot C_0 + B \cdot 0.25 \cdot k \cdot i \cdot C_g}{A \cdot N + B \cdot 0.25 \cdot k \cdot i} \qquad (附 18.6)$$

在计算污染物浓度 C_1 的表达式中，假设在整个区域中污染源处的浓度为常量 C_0。

如果调查阶段结果表明存在这样的过程，污染场地可以在污染源处根据不同的污染物浓度分为不同的部分，通过其面积确定各部分污染物浓度的权重。

对于大面积污染，计算可能会集中在污染中心区域。这是符合“地下水中最高浓度区域必须满足地下水质量标准”的原则的。

不饱和区域内最上层 0.25m 范围内最终的污染物浓度也可以通过分析来自安装在地下水含水层顶部的筛管（筛网长度为 0.25m）中的地下水样品直接确定。在进一步风险评估中，使用测得的最高浓度值。

必须注意的是，完成一口 0.25m 筛管的井需要掌握精确的地下水位位置，以准确地放置筛管。参见本书 5.4 节。

如果在非常低的泵速下采样，则可以使用有效长度大于 0.25m 的筛管来测量在地下水含水层顶部的最终污染物浓度，这样才不会出现明显的漏斗效应。

当使用长于 0.25m 的筛管时，含水层内最上部 0.25m 范围内的最终污染物浓度必须采用如下公式计算：

$$C_1 = C_{1,\ \text{measured}} \cdot l / 0.25 \qquad (附 18.7)$$

式中，$C_{1,\ \text{measured}}$ 是测得的污染物浓度［ML^{-3}］，l 是有效的筛管宽度（m）。

2. 下游混合模型

不饱和区域底部土壤水中污染物浓度被保守地认为等于污染源处污染物浓度。然后，假设其在地下水含水层内最上部 0.25m 范围内混合。

最终的污染物浓度是根据与污染源相距一定距离的某点进行计算的，该距离对应于地下水每年的传输距离（使用地下水中土壤水流速进行计算），最大到 100m。在该理论计算点，所有数值必须符合地下水质量标准。

该假设与靠近污染源的混合模型相同，即不考虑吸附、降解或扩散的影响；假定地下水含水层是均匀的且各向同性（一个单层模型），假定地下水流速保持恒定。

当估算到必须满足地下水质量标准的理论计算点的距离时，其使用的土壤水

平均流速被定义为

$$V_{\mathrm{P}}=(k\cdot i)/e_{\mathrm{eff}} \quad \text{（附 18.8）}$$

式中，k 是水力传导系数［LT^{-1}］；i 是水力梯度［无量纲］；e_{eff} 是有效孔隙度；见附录 20 中标准参数。

基于放射性示踪剂扩散测试，混合层深度 d_{m} 可以表示为

$$d_{\mathrm{m}}=6\sqrt{2\cdot D_{\mathrm{V,T}}\cdot t} \quad \text{（附 18.9a）}$$

式中，$D_{\mathrm{T,V}}$ 为向下的分散系数［$\mathrm{L}^2\mathrm{T}^{-1}$］；$t$ 是地下水的迁移时间［T］。

丹麦 Vejen[1] 填埋场研究保守地认为 $D_{\mathrm{T,V}}=1/900D_{\mathrm{L}}$，其中 D_{L} 是纵向分散系数。当 $D_{\mathrm{L}}=\alpha_{\mathrm{L}}\cdot V_{\mathrm{P}}$ 时，得到：

$$d_{\mathrm{m}}=6\sqrt{\frac{2}{900}\cdot D_{\mathrm{L}}\cdot t}=\sqrt{\frac{272}{900}\cdot \alpha_{\mathrm{L}}\cdot V_{\mathrm{P}}\cdot t} \quad \text{（附 18.9b）}$$

式中，α_{L} 是纵向扩散系数［L］；V_{P} 是土壤水的流速［LT^{-1}］；t 是观测的迁移时间［T］。

如果含水层厚度小于 d_{m}，则必须使用实际的含水层厚度。

纵向扩散系数随着与污染源距离的变化而变化。其标准数值见附录 20。

到理论计算点的传输时间不能超过 1 年。到理论计算点的迁移时间通常少于 1 年，这适用于土壤水流速 V_{P} 大于 100m/a 的情况。

以下使用的名称与风险评估第一阶段使用的名称相同。

地下水中最终的污染物浓度 C_2 采用与风险评估第一阶段完全类似的方式（下降梯度混合模型）进行计算。

$$C_2=\frac{A\cdot N\cdot C_0+B\cdot d_{\mathrm{m}}\cdot k\cdot i\cdot C_{\mathrm{g}}}{A\cdot N+B\cdot d_{\mathrm{m}}\cdot k\cdot i}\approx\frac{A\cdot N\cdot C_0+B\cdot d_{\mathrm{m}}\cdot k\cdot i\cdot C_{\mathrm{g}}}{B\cdot d_{\mathrm{m}}\cdot k\cdot i} \quad \text{（附 18.10）}$$

（当 $A\cdot N\ll B\cdot d_{\mathrm{m}}\cdot k\cdot i$ 时）

污染物浓度 C_2 计算表达式假定在整个污染区域内为恒定的污染源强浓度 C_0。与风险评估第一阶段一样，受污染的范围可以根据污染源处的污染物浓度划分为不同区域，对应于通过面积加权的污染物浓度。

当在第一阶段已经测量得到地下水含水层内最上部 0.25m 范围内污染物浓度，且做出了与筛管长度相关的后续更正时，该数值可以被用于距 C_2 一定距离的污染物浓度的简单计算。

在相关计算点上，所得到的污染物浓度 C_2 可以表示为

$$C_2=C_1\cdot(0.25/d_{\mathrm{m}})=C_{1,\ \mathrm{measured}}\cdot(1/d_{\mathrm{m}}) \quad \text{（附 18.11）}$$

式中，$C_{1,\ \mathrm{measured}}$ 是在污染源的地下水区域最上部 0.25m 处的污染物浓度

[ML^{-3}]；d_m是地下水传输 1 年后的混合层厚度，在污染下游最大 100m 处。如果混合层厚度小于 0.25μm，d_m=0.25μm。l 是有效筛管长度（以 m 为单位）。

3. 存在降解的下游混合层

风险评估第三阶段是以第二阶段计算得到的污染物浓度 C_2 作为起点的，是第二阶段的延伸。

因此，和风险评估第二阶段一样，第三阶段污染物浓度是在与污染源一定距离的点位处计算得到的，对应于每年的地下水传输距离（基于地下水中土壤水流速进行计算），最大距离为 100m。在该理论计算点的地下水必须满足地下水质量标准。

风险评估第一阶段和第二阶段是基于保守模型的，无法在第三阶段开展严格的保守计算。因此，必须在降解参与的情况下进行监控。

饱和区域被设定为均匀且各向同性，并具有恒定的地下水速度。此时假设在饱和区域发生降解和纵向分散。

假定该降解为一阶降解过程。基于典型的一阶降解常数进行计算，其结果不一定是保守的。

基于一阶降解，降解后得到的污染物浓度 C_3 可以表示为[1, 2]

$$C_3 = C_2 \cdot \exp\left(-k_1 \cdot t\right) \quad \text{(附 18.12)}$$

式中，C_2 是通过第二阶段下游混合模型计算得到的污染物浓度 [ML^{-3}]；k_1 是饱和区域的一阶降解常数 [T^{-1}]；t 是降解周期 [T]。

对针对苯系物、氯化有机溶剂和苯酚的典型污染物一阶降解常数进行了整理汇编[2]，详见附录 20。

考虑到吸附及污染物降解时间的评估，在这里假设污染物迁移到理论计算点的速度为公式（附 18.13）给出的 V_S：

$$V_S = V_P / R, R > 1 \quad \text{(附 18.13)}$$

式中，V_P 是土壤水的平均流速 [LT^{-1}]；R 是阻滞系数 [无量纲]。

阻滞因子可以基于分配系数 K_d 进行计算，分配系数 K_d 是土壤中的有机含量 f_{oc} 和辛醇/水分配系数 K_{ow} 的函数。K_{ow} 数值详见附录 17 中附表 17.1～附表 17.5。基于 $\log K_{ow}$<5 和 f_{oc}>0.1%的假设，K_d 可以通过 Abdul 公式[1]来计算：

$$\log K_d = 1.04 \cdot \log K_{ow} + \log f_{oc} - 0.84 \quad \text{(附 18.14)}$$

阻滞因子可通过公式（附 18.15）进行计算：

$$R = 1 + \rho_b / e_w \cdot K_d \quad \text{(附 18.15)}$$

式中，ρ_b 是土壤体积密度［ML^{-3}］；e_w 是土壤饱和水时土壤孔隙度［无量纲］；K_d 是分配系数。

如上所述，包含降解过程的风险评估第三阶段并不是严格保守的。为此，当风险评估结果表明地下水中污染物通过自然降解能够达到地下水质量标准时，必须开展相应的监控，以检验发生的降解过程是否与假设的一致。此外，必须确定氧化还原条件，且必须获取该数据作为计算一阶降解常数的依据。

当需要确定降解速率时，必须对测量得到的污染物浓度进行校正，以充分考虑吸附、分散、稀释等（非破坏性过程）的影响。这可以通过比较污染物浓度与非降解物质（示踪剂）浓度或与缓慢降解污染物和降解更快的污染物比较来完成。

一旦通过计算得到校正后的污染物浓度，一阶降解常数就可以通过时间与污染物浓度的对数函数拟合图来确定，即为该拟合曲线[2]线性部分的斜率。

当已知污染物浓度与距离的函数而非时间的函数时，这些拟合图可以通过污染调查过程中获得的实际传输速率进行转换。

下面说明了如何考虑非破坏性过程对污染物浓度的影响。基于两个假设：①来自污染源的地下水流量大致恒定；②地下水含水层是均质的。

如果降解是污染衰减的唯一途径，那么在流向上的两个或更多个井中示踪剂和污染物浓度测量结果可用于估计这些井可能的污染物浓度。

理想的示踪剂与污染物一样受到非破坏性衰减的影响（示踪剂与污染物具有相同的挥发性和吸附系数），但不会受到降解过程的影响。

基于使用理想示踪剂的假设，以下公式描述了下游污染物浓度，其在 i 点和 i–1 点之间的降解是唯一衰减过程（下游流向位置）（例如，在图 5.11 所示的 3 号井和 2 号井之间）。

$$C_{i,\,\mathrm{corr}} = C_{i-1,\,\mathrm{corr}}\left(\frac{C_i}{C_{i-1}}\right)\left(\frac{T_{i-1}}{T_i}\right) \qquad \text{（附 18.16）}$$

式中，$C_{i,\,\mathrm{corr}}$ 是在 i 点处经过修正的污染物浓度；$C_{i-1,\,\mathrm{corr}}$ 是在 i–1 点处经过修正的污染物浓度［如果 i–1 是第一个点（上游最远点），$C_{i-1,\,\mathrm{corr}}$ 为该点观测得到的污染物浓度］；C_i 是在 i 点处观测得到的污染物浓度；C_{i-1} 是在 i–1 点处观测得到的污染物浓度；T_i 是在 i 点处观测得到的示踪物质浓度；T_{i-1} 是在 i–1 点处观测得到的示踪物质浓度。

基于上游测量点处的污染物浓度，以及污染物和示踪剂浓度间关系的测量结果，公式（附 18.16）可以用于估算仅由降解引起的理论污染物浓度。

公式（附 18.16）是保守的，因为如果示踪剂被降解，则 $C_{i,\mathrm{corr}}$ 将大于 C_i。这将导致估算的降解速率数值偏低。

如果仅根据 A、B 两点示踪剂浓度对污染物浓度进行修正，那么公式（附 18.16）可以被简化为

$$C_{B,\mathrm{corr}} = C_B\left(\frac{T_A}{T_B}\right) \tag{附 18.17}$$

估算降解常数的常规方法是使用一种非降解污染物作为示踪剂。例如，三甲基苯（TMB），其通常在石油中具有较大的含量（3%～7%），以三种同分异构体（1, 2, 3-TMB、1, 2, 4-TMB 和 1, 3, 5-TMB）形式存在，能够在地下水中被检测到[3, 4]。

TMB 在厌氧条件下性质稳定，但在好氧条件下相对容易降解。TMB 的稳定持久性具有场地特性，必须在每个项目中对将其作为示踪剂的可行性进行评估。

四甲基苯是另一种可被用作与燃料污染相关的示踪剂污染物。然而，四甲基苯含量非常少，使得其难以被检测出来。

理想的示踪剂具有与所调查的污染物相同的挥发性和吸附系数。然而，TMB 具有比 BTEX 更大的吸附系数（并因此具有更大的阻滞系数）。所以，TMB 会以比 BTEX 更低的传输速度通过地下水区域。

因此，对于像 TMB 一样的示踪剂，需要考虑这些速度差异来修改公式（附 18.16）。但是，这种修改不需要在固定条件下进行（即其中污染物和示踪剂的流量通量在每个测量点处都是恒定的）。

考虑到示踪剂和污染物的降解，当示踪剂以显著慢于调查确定的污染物扩散速率迁移时，污染物和示踪剂的浓度必须根据相同的迁移时间而不是迁移距离来评估。示踪剂和污染物传输速度间的关系可以表示为

$$\frac{V_\mathrm{t}}{V_\mathrm{S}} = \left(\frac{V_\mathrm{P}}{R_\mathrm{t}}\right) \Big/ \left(\frac{V_\mathrm{P}}{R_\mathrm{c}}\right) = \frac{R_\mathrm{c}}{R_\mathrm{t}} \tag{附 18.18}$$

式中，V_t 是示踪剂的迁移速率；V_S 是污染物的迁移速率；V_P 是地下水流速；R_t 是示踪剂的阻滞系数；R_c 是污染物的阻滞系数。

污染物从 i-1 点迁移到 i 点的周期内示踪剂消失的部分可以表示为 $R_\mathrm{c} / R_\mathrm{t}(1 - T_i / T_{i-1})$，也就是说残留的示踪剂部分为 $1 - R_\mathrm{c} / R_\mathrm{t}(1 - T_i / T_{i-1})$。

当示踪剂吸附与所调查的污染物吸附存在明显差异时，经修正的 i 点处的污染物浓度可由下式表示：

$$C_{i,\text{corr}} = C_{i-1,\text{corr}} \frac{C_i}{C_{i-1}} \cdot \frac{1}{1-\dfrac{R_c}{R_t}\left(1-\dfrac{T_i}{T_{i-1}}\right)} \qquad \text{（附 18.19）}$$

式中，$C_{i,\text{corr}}$ 是在 i 点处经过修正的污染物浓度；$C_{i-1,\text{corr}}$ 是在 i−1 点处经过修正的污染物浓度［如果 i−1 是第一个点（上游方向最远点），$C_{i-1,\text{corr}}$ 是该点经过观测得到的污染物浓度］；C_i 是在 i 点处观测得到的污染物浓度；C_{i-1} 是在 i−1 点处观测得到的污染物浓度；T_i 是在 i 点处观测得到的示踪剂浓度；T_{i-1} 是在 i−1 点处观测得到的示踪剂浓度。

注意，当 R_c 等于 R_t 时，公式（附 18.19）等同于公式（附 18.16）。

公式（附 18.16）是保守的，因为示踪剂的任何降解都会导致低估的降解速率。由于这个原因，对于像汽油、柴油或类似物质的混合物污染，可以使用其中一个最稳定持久的物质作为示踪剂，因为该污染物的低降解特性将仅仅会导致对其他污染物降解速率更为保守的估算。

4. 不饱和区域的扩散

土壤不饱和区域的流动是受重力和毛细管力（张力的差异）控制的，取决于土壤水含量和土壤特性，如土壤质地和土壤粒径分布。

以下呈现了用于计算污染物浓度（一维污染物迁移）和物质速度的方程，只考虑通过土壤水迁移的污染物，没有考虑空气扩散。

实际的污染物浓度间歇性增加的情况是罕见的，不饱和区域污染物浓度间歇性增加通常被视为饱和地下水区域持续污染的来源。例如，破裂的油管向不饱和区提供了间歇性的污染增加。然而，由于深的地下水位会导致污染前端在到达饱和区前存在很长的迁移周期，且油类污染物在土壤水中的溶解也是一个缓慢的过程，来自泄漏油管的油通常需经过数十年才能渗入到地下水区域。因此，从泄漏油罐渗滤到饱和地下水区域的石油组分泄漏必须被视为连续污染。

随着污染物质的间歇性增加，不饱和区域的物质浓度与渗透深度（z）和时间（t）的函数可以通过一维污染物迁移方程[5]表示为

$$C(z,t) = \frac{M}{e_w\sqrt{4\pi \cdot D_L \cdot t}} \exp\left(-\frac{z - V_p \cdot t}{4D_L \cdot t}\right) \qquad \text{（附 18.20a）}$$

式中，z 是计算点的深度［L］；e_w 是土壤的水含量［无量纲］；M 是物质的增加量［M/L^2］；D_L 是不饱和区域纵向扩散系数［L^2T^{-1}］；t 是污染时间［T］；V_p 是孔隙水流速［LT^{-1}］。

扩散系数表示由每个单独孔内流速的差异和沿着迁移路径的孔尺寸差异导致

的物质扩散和分子扩散。未考虑横向扩散。

纵向扩散系数 D_L 可以通过土壤孔隙水流速 V_p 和纵向扩散度 α_L 确定，具体如下：

$$D_L = \alpha_L \cdot V_p \quad （附 18.20b）$$

扩散度 α_L 的标准值见附录 20。

通过污染物质的连续增加（一维物质迁移），可以用渗透深度和时间的函数将浓度表示如下[1, 5]：

$$C(z, t)=\frac{C_0}{2}\left[\operatorname{erfc}\left(\frac{z-V_p \cdot t}{2\sqrt{D_L \cdot t}}\right)+\exp\left(\frac{V_p \cdot z}{D_L}\right)\operatorname{erfc}\left(\frac{z+V_p \cdot t}{2\sqrt{D_L \cdot t}}\right)\right] \quad （附 18.21）$$

式中，z 是计算点的深度［L］；C_0 是污染源的浓度［ML^{-3}］；D_L 是纵向扩散系数（标准数据）［L^2T^{-1}］；t 是污染时间［T］；V_p 是孔隙水流速［LT^{-1}］。

在这种情况下，同样未考虑横向扩散。

物质迁移方程的解是近似的，仅定义为 $t<V_p \times z$，其中 $V_p \times z$ 是假设在简单平推流情况下土壤水到达饱和区域前的准确时间（没有扩散、吸附或降解作用）。

erfc 是误差函数 erfc(y)=1−erf (y)，其中 erf (y)可以定义为

$$\operatorname{erfc}(y)=\frac{2}{\sqrt{\pi}}\int_0^y e^{-x^2}dx \quad （附 18.22）$$

以上所提供的物质迁移方程没有考虑吸附作用。随后在计算中对物质迁移方程的修正考虑了吸附作用。

当基于深度和时间的函数计算物质浓度时，孔隙水流速 V_p 被用于没有吸附特性的物质。对于具有吸附特性的物质，该孔隙水流速被物质的传播速度 V_s 代替，其可以表示如下：

$$V_s=\frac{V_p}{R_u}=\frac{N}{e_w \cdot R_u}, \text{idet} V_p=\frac{N}{e_w} \quad （附 18.23）$$

式中，V_p 是孔隙水流速［LT^{-1}］；N 是净渗透量［LT^{-1}］；e_w 是饱和区域的孔隙度［无量纲］；R_u 是不饱和区域的阻滞系数［无量纲］。

详见公式（附 18.13）的注释。

参考文献

［1］Kemiske stoffers opførsel i jord og grundvand（'Chemical Substance Behaviour in Soil and Groundwater'）. Project on soil and groundwater No. 20. The Environmental Protection Agency，1996.

[2] Kjærgaard，M.，Ringsted，J.P.，Albrechtsen，H.J. og Bjerg，P.L. 1998. N aturlig nedbrydning af miljøfremmede stoffer ijord og grundvand（'Natural Degradation of Alien Substances in Soil and Groundwater'）. Report prepared by the Danish Geotechnical Institute and the Department of Environmental Technololgy（Technical University of Denmark）for the Environmental Protection Agency.

[3] Christensen，L.B.，Arvin，E. og Jensen，B. 1987. Olieprodukters opløselighed i grundvand（'Groundwater Solubility of Oil Products'）. Report for the Environmental Protection Agency. Laboratory of Technical Hygiene，Technical University of Denmark.

[4] Verschueren，K. 1983. Handbook of Environmental Data on Organic Chemicals. 2. ed. Van Nostrand Reinhold.

[5] Høgh Jensen，K. og Storm，B. Stoftransport i umættet og mættetz one–simple beregningsmetoder（'Substance Transport in Unsaturated and Saturated Zones–Simple Methods of Calculation'）. Stads-og havneingeniøren 2，1985.

附录 19 地下水风险评估案例

本附录列举了如何开展具体风险评估的案例。风险评估根据本书 5.4 节所述原则进行。计算中应用到的公式见附录 18。标准计算参数见附录 20，如净沉淀、水力传导系数和一阶降解常数。

1. 案例 1：黏土覆盖的砂岩含水层地表附近的松节油污染

在顶部土壤薄层和填充层下方，地表下约有 3.9m 深的非裂缝黏土。在黏土中没有发现任何含水层迹象。在黏土下方、地表以下约 6.9m 处，存在一个含砂含水层。

地下水位约为地表下 3.9m，大致对应于砂层顶部。

该砂层底层为黏性的新近系黏土。如附图 19.1 所示为该场地的地质横截面。

一家木材防腐剂生产企业在该场地从事生产。来自存在缺陷的加工厂的泄漏已经导致了土壤松节油污染，且发现该污染仅限制在地表下 2.5～3m 深度范围内。

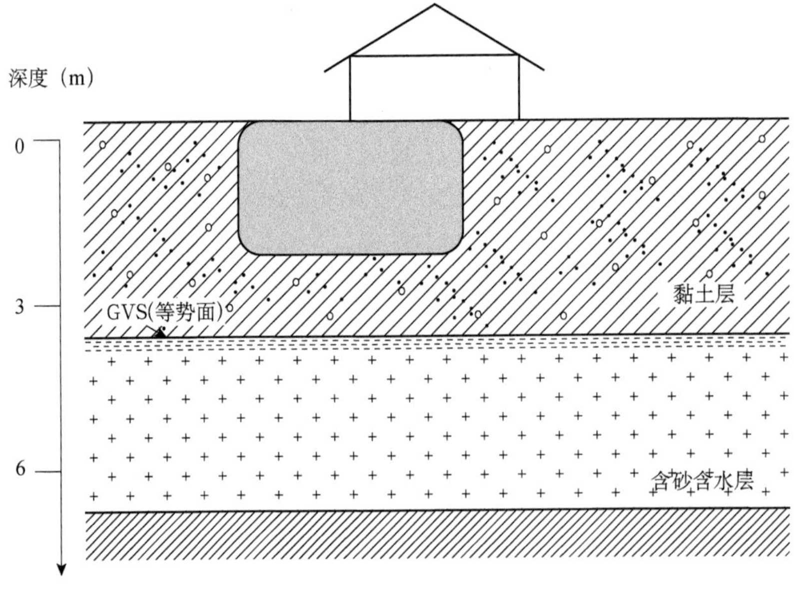

附图 19.1 案例 1 中场地地质横截面

污染已经四处蔓延到现有建筑物的边缘。由于在污染土壤去除过程中建筑物保护成本非常高，去除污染深度将仅被挖掘至地表下 1m。

来自土壤钻孔中的土壤样品表明，地表下 1～3m 内烃类物质浓度在 50～800mg/kg（以松节油定量），其中的单一组分浓度为：苯 1.0mg/kg、甲苯 5mg/kg、二甲苯 12mg/kg。

附图 19.2 显示了地表下 1～3m 深度处苯的浓度分布图，黑色阴影区域所示为最大浓度（mg/kg 干重）。

现有地下水流向为自南向西南方向。根据假定：污染物浓度最大的地下水区域必须符合地下水质量标准，后续风险评估仅针对受污染影响最大的区域［最大苯浓度为 1.0mg/kg（干重）的区域］，所覆盖 A 的面积大约为 15m×8m=120m^2。

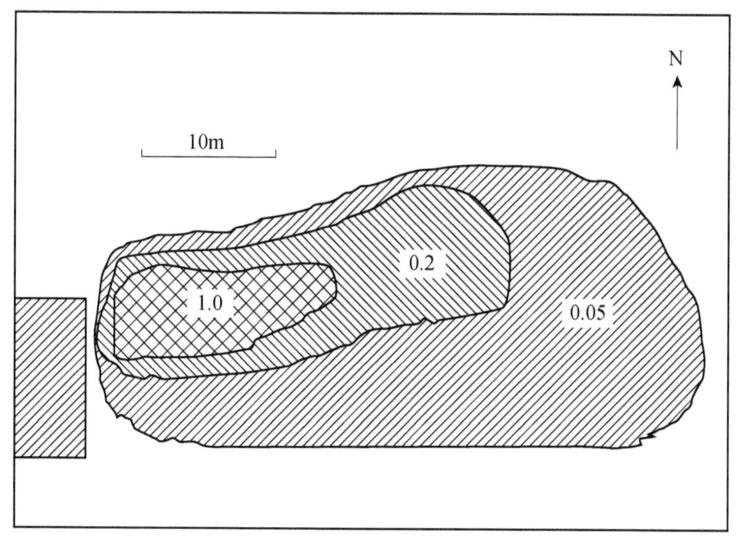

附图 19.2　案例 1 中地表下 1～3m 深度最大苯浓度（mg/kg 干重）

注：图中数字为区域内土壤中苯浓度

根据已开展的调查，在地表以下 1m 深度范围内污染土壤去除后，剩余的污染区域内包含松节油最多 350kg（120m^2×2m×1800kg/m^3×800mg/kg），其中苯最多为 0.44kg。

该区域净降水量约为每年 240mm（附录 20）。然而，地方主管地下水的部门已经开展了污染区域地下水模型构建工作，该场地相关的地下水产生量（净渗透量）被估算为 N=100mm/a。这表示通过污染区域的渗透 $Q_0=A$（污染面积）× N（净渗透量）=120m^2×100mm/a=12m^3/a。

如果没有地下水产生量的详细数据，则在计算渗滤量时必须利用净降水量图。

根据附近土孔中水的特定容量，地下水含水层的透水系数 T=8×10^{-4}m^2/s。当饱和层厚度为 3m 时，其对应的水力传导系数 $k=2.7\times10^{-4}$m/s。由主管部门提供的地下水位等高线图显示，往自来水厂方向上地下水含水层的水力梯度 i=0.004。

水的孔隙流速 $V_p=(k\times i)/e_{eff}=(2.7\times10^{-4}\text{m/s}\times0.004)/0.30$，其中 e_{eff} 是地下水含水层孔隙度，在这种情况下（含砂含水层）e_{eff}=0.30（附录 20 中附表 20.1）。

溶解的油将被渗滤水携带通过不饱和区域进入地下水含水层，沿着地下水流向往水厂的抽水井方向流动。

饱和区域和不饱和区域均为有氧环境，表明可能存在降解。

这意味着污染物在饱和区域和不饱和区域中的相关过程包括溶解、迁移、吸附、分散和降解。

风险评估：

以下为用于评估苯污染对下游地下水含水层影响的分步风险评估，地下水含水层需满足的地下水质量标准为 1μg/L。

仅对单一组分苯进行风险评估，因为该单一组分（具有非常大的溶解度，且存在非常低的地下水标准）的扩散对地下水源是至关重要的。

在第一阶段，不饱和区域底部土壤水被保守地估算为具有与污染源处相等的污染物浓度。随后的计算假设其在地下水含水层顶部 0.25m 范围内与地下水进行简单地混合。

在第二阶段也采用了保守混合模型。在某个理论计算点处计算污染物浓度，该点与污染源相距为地下水迁移 1 年的距离，最大 100m。这些计算使用了附录 18 中公式给出的混合密度 d_m。

在风险评估第三阶段，在考虑一阶降解的情况下进行地下水中污染物浓度的计算。第三阶段是第二阶段的延伸，因为第三阶段的出发点是第二阶段所确定的污染物浓度。

1.1 第一阶段接近污染源的混合模型

由于较难获得污染源处相关地下水样品来确定污染物浓度，因此确定在风险评估第一阶段单纯考虑溶解和平衡。

基于污染物在水、气和土壤相间分布平衡（逸度原理）的假设，根据附录 21 中相关指导计算污染源处污染物浓度。计算结果表明，当苯在土壤中的浓度为 1.0mg/kg（干重）时，其在土壤水中含量为 5.0mg/L（土壤颗粒密度 2.7kg/L，土壤密度 1.8kg/L，体积比例：土壤 60%、空气 10%、水 30%）。

作为土地利用逸度原则的替代方案，污染源处苯的浓度可以设定为其在水中的最大溶解度。然而，由于土壤中苯的浓度相对较低且苯在水中溶解度高，这样的估算会导致污染源处苯的浓度过高。

必须对污染扩散采取保守计算。为此，假设不发生油类物质的降解或吸附。此外，计算会忽略分散作用，也就是只考虑向地下水含水层的纵向渗滤。

来自于剩余污染的土壤水渗透的苯的排放量近似为 $J_0 = C_0 \times Q_0 = 5.0\text{mg/L} \times 12\text{m/a}=60\text{g/a}$ 。

天然地下水中没有苯，因此设定地下水中苯的背景浓度 C_g 为零。

地下水含水层顶部苯的浓度 C_1 可以按附录 18 中公式（附 18.6）计算得到：

$$C_1=\frac{A \cdot N \cdot C_0+B \cdot 0.25 \cdot k \cdot i \cdot C_g}{A \cdot N+B \cdot 0.25 \cdot k \cdot i}$$

代入相关数值得到：

$$C_1=\frac{120 \times 100 \times 5.0}{120 \times 100+15 \times 0.25 \times 2.7 \times 10^{-4} \times 0.004}=0.4(\text{mg/L})$$

参见本书 6.4 节，苯的地下水质量标准为 1μg/L。基于简单混合和完全保守估计（没有降解、扩散或吸附）的风险评估，在地下水含水层顶部静止的情况下，可以预料到苯的浓度会明显超过其质量标准。

在风险评估第一阶段，计算中所有参数都是线性相关的。也就是说，对于每个参数，其计算中具有的不确定性影响与其他参数相同，即每个参数同样重要。

可以通过质量平衡进行浸出速率的简单评估。剩余污染包含约 350kg 松节油，其中苯 0.44kg。计算得到的污染源处苯的排放速率为 60g/a，大约需要 8 年时间去除苯污染。没有假设不切实际的污染源快速去除。

已完成的风险评估结果表明，在这种情况下，苯无法满足其地下水质量标准。

其原因可能是缺少分析结果导致污染源浓度 C_0 被设定得过高。可以考虑的一个方向是获得在污染区域下游紧邻位置处的土壤钻孔内饱和区域最上部（安装有非常短的筛管，如筛管长度仅为 0.25m）的地下水分析结果。这些非常短的筛管是为了确保不与地下水发生随意混合。因为靠近污染源的混合深度非常小，存在发生这种情况的风险。

另一个原因可能是计算通常过于保守，没有考虑吸附、扩散和降解。

1.2　第二阶段下游混合模型

风险评估第一阶段提供的土壤水流速 V_p=112m/a。该理论计算点与污染源相距地下水迁移 1 年的距离，最大为 100m。因此，在这种情况下，计算点位于最大距离 100m 处。

混合密度 d_m 由附录 18 中公式附（18.8）确定：

$$d_m=\sqrt{\frac{72}{900} \cdot \alpha_L \cdot V_p \cdot t}$$

与污染源相距 100m 处 α_L 数值来自附录 20 中附图 20.2，α_L=0.4m。

混合时间 $t=100/V_p=100/112=326$（天）。

代入这些数值后得到：

$$d_m=\sqrt{\frac{72}{900}\times 0.4\times 112\times 326}=1.8(\text{m})$$

依据附录 18 中公式（附 18.9），在理论计算点处的污染物浓度 C_2 可以表达为

$$C_2=\frac{A\cdot N\cdot C_0+B\cdot d_m\cdot k\cdot i\cdot C_g}{A\cdot N+B\cdot d_m\cdot k\cdot i}$$

代入后得到：

$$C_2=\frac{120\times 100\times 5.0}{120\times 100+15\times 1.8\times 2.7\times 10^{-4}\times 0.004}=64(\mu\text{g/L})$$

使用下游混合模型也会导致污染物浓度超过地下水质量标准 1μg/L。

现在可以在不同选项中进行选择：实施补救措施、开展风险评估第三阶段或基于新数据进行风险评估，如使用饱和区域最上部测量得到的污染物浓度数据。

1.3 第三阶段基于扩散、吸附和降解的扩散模型

下面描述了风险评估第三阶段，考虑了饱和区域污染物的生物降解。

使用风险评估第三阶段的先决条件是充分了解当地地质和水文地质信息，以便在污染羽和污染下游确定土壤钻孔的最佳位置（纵向和水平方向）来进行采样和监控。该调查阶段还必须表明场地氧化还原条件为污染物的降解提供了可能。

为此，需要进行补充污染调查以获得足够的背景知识。该调查已经提供了详细的地下水流量和氧化还原条件相关图表数据。

补充调查揭示了污染物溢出场地下方的地下水中厌氧条件。其未检测到含氧量（<0.1mg/L），Fe（Ⅲ）浓度低于上游土壤钻孔中地下水中 Fe（Ⅲ）浓度，且已经产生了一定量的甲烷。

然而，含氧量在其上游、侧向和下游方向迅速增加；在下游方向 10～12m 处，发现地下水中含氧量大于 1mg/L，即为好氧条件——参见 5.4 节。

在补充调查中，水样从污染物溢出场地下方的地下水含水层中最上部采集得到。有效筛管长度 l 为 0.75m。测得苯的最高浓度为 6.4μg/L。

根据附录 18 中公式（附 18.7），在与地下水最重污染区域相距 100m（混合深度 d_m）处的污染物浓度 C_2 可以表示为

$$C_2=C_1\cdot(0.25/d_m)=19.2\times(0.25/1.8)=2.7(\mu\text{g/L})$$

其中：

$$C_1=C_{1,\text{measured}}(l/0.25)=6.4\times(0.75/0.25)=19(\mu g/L)$$

仍然未达到地下水质量标准 1μg/L。

地下水含水层为好氧环境，意味着污染物存在降解的可能。泄漏场地内三价铁还原和产甲烷情况表明正在发生污染物的自然降解。

因此，计算中需要将污染物降解考虑在内。污染下游方向 100m 处，降解后的污染物浓度 C_3 可以表示为［附录 18 中公式（附 18.12）］

$$C_3=C_2\cdot\exp(-k_1\cdot t)$$

其中，一阶降解常数 k_1 可以设为 0.01～0.02d^{-1}（附录 20）。保守选择可设置为 $k_1=0.01\text{d}^{-1}$。

估算污染物造成污染所需时间时应考虑吸附作用，可通过计算污染物在速度 V_s 下向理论计算点移动的时间得到，V_s 表示为［附录 18 中公式（附 18.13）］：

$$V_s=V_p/R,\ R>1$$

式中，V_p 是土壤水平均流速［LT^{-1}］；R 是苯的阻滞因子［无量纲］。

阻滞因子取决于土壤所含物质、土壤容重 ρ_b 、土壤中实际有机物含量 f_{oc} 和辛醇/水分配系数 K_{ow} 。不同类型土壤有机物含量 f_{oc} 见附录 15 中附表 15.1。不同物质辛醇/水分配系数 K_{ow} 见附录 17 中附表 17.1～附表 17.5。

如果 $\log K_{ow}<5$，$f_{oc}>0.1\%$，分配系数 K_d 可通过阿卜杜勒公式计算得到：

$$\log K_d=1.04\times\log K_{ow}+\log f_{oc}-0.84$$

$$\log K_d=1.04\times\log K_{ow}+\log f_{oc}-0.84$$

阻滞因子可通过以下公式计算得到［附录 18 中公式附(18.15)］：

$$R=1+\rho_b/e_w\cdot K_d$$

沉积沙中苯的以下相关数值可从附录 17 中附表 17.1 和附录 15 中附表 15.1 获得：

$f_{oc}=0.002$

$\log K_{ow}=2.1$

$e_w=0.45$

$\rho_b=1.8$

由此，代入后得到苯的阻滞因子为

$R_{benz}=1.2$

$V_{s\text{-}benz}=93(\text{m/a})$

其中：$t=100/V_{s\text{-}benz}=390(\text{天})$

在污染下游 100m 的计算点处苯的污染浓度为

$$C_3=C_2\cdot\exp(-k_1\cdot t)=2.7\times\exp(-0.01\times390)=0.1(\mu g/L)$$

很显然地，苯在这种情况下能够满足地下水质量标准。

然而，仅通过计算不足以证明地下水满足其质量标准。需要开展相应监控，表明地下水中发生了预期的污染物降解且氧化还原条件能够持续为降解提供机会。此外，需要计算当前的降解常数。

补充调查中进行了大量的土壤钻孔，其中四个土壤钻孔（标记为 A～D）位于沿着污染下游流向的 4～37m 范围内。

部分监控数据见附表 19.1。显然地，土壤钻孔 B、C、D（含氧量超过 1mg/L）为好氧环境，土壤钻孔 A 为低氧环境（可能为厌氧环境）。这意味着补充调查并未改变其氧化还原条件，因此仍然存在苯污染降解的可能性。

监控的土壤钻孔中污染物浓度小于预测值。根据附录 18 计算当前降解常数，以检验这些数值。

考虑吸附、分散、扩散等因素进行修正，经修正的污染物浓度由附录 18 中公式（附 18.19）确定为

$$C_{i,\text{corr}}=C_{i-1,\text{corr}}\cdot\frac{C_i}{C_{i-1}}\cdot\frac{1}{1-\dfrac{R_c}{R_t}\left(1-\dfrac{T_i}{T_{i-1}}\right)}$$

式中，$C_{i,\text{corr}}$ 是 i 点处经修正的污染物浓度；$C_{i-1,\text{corr}}$ 是 i−1 点处经修正的污染物浓度［其中 i−1 点是位于污染上游最远的第一个点，设定 $C_{i-1,\text{corr}}$ 等于观察到的污染物浓度］；C_i 是 i 点处观察到的污染物浓度；C_{i-1} 是 i−1 点处观察到的污染物浓度；T_i 是 i 点处观察到的示踪剂浓度；T_{i-1} 是 i−1 点处观察到的示踪剂浓度；R_c 是污染物阻滞因子；R_t 是示踪剂阻滞因子。

在这种情况下，二甲苯的降解速率远远低于苯（附表 19.1），因此使用二甲苯作为示踪剂。事实上，二甲苯是可降解的意味着它并不是一种理想的示踪剂，但其得到的结果是保守的，所以忽略了其降解。

附表 19.1 沿着污染下游方向的四口监控井部分数据

监测井	沿着污染下游方向的距离（m）	苯的迁移时间（天）	二甲苯浓度（g/L）	苯浓度（g/L）	经修正的苯浓度（g/L）	含氧量（g/L）
A	4	0	12.0	6.4	6.4	0.3
B	15	43	9.2	2.4	2.7	1.7
C	25	82	6.5	0.7	0.9	1.8
D	37	145	5.0	0.09	0.13	2.1

原始数据包含附表 19.1 数值、上述计算的苯的阻滞因子（R_{Benz}=1.2），以及

相应计算得到的二甲苯的阻滞因子（R_{xyl}=2.9）。

例如，利用二甲苯修正值计算土壤钻孔 B 中污染物浓度，代入数值后得到：

$$C_{B,corr}=C_{A,corr}\cdot\frac{C_B}{C_A}\cdot\frac{1}{1-\frac{R_{Benz}}{R_{xyl}}\left(1-\frac{T_B}{T_A}\right)}=6.4\cdot\frac{2.4}{6.4}\cdot\frac{1}{1-\frac{1.2}{2.9}\left(1-\frac{9.2}{12.0}\right)}=2.7(\text{mg/L})$$

利用二甲苯修正值计算得到的苯浓度见附表 19.1。

随后，将经修正的污染物浓度作为土壤钻孔 A 中污染物迁移时间的函数绘制对数线性图（附图 19.3）。一阶降解常数 k_1 为该曲线线性部分的斜率。

如附图 19.3 所示为这些点是如何位于一条直线上的，这意味着污染物满足一阶降解的要求。

在这种情况下，经过 150 天后，苯的浓度由初始的约 7.0g/L 下降至约 0.1g/L。附图 19.3 中曲线斜率，即实际降解常数，可确定为

$$-k_1=\ln（C/C_0）/t=\ln（0.1/7.0）/150=-0.03(\text{d}^{-1})$$

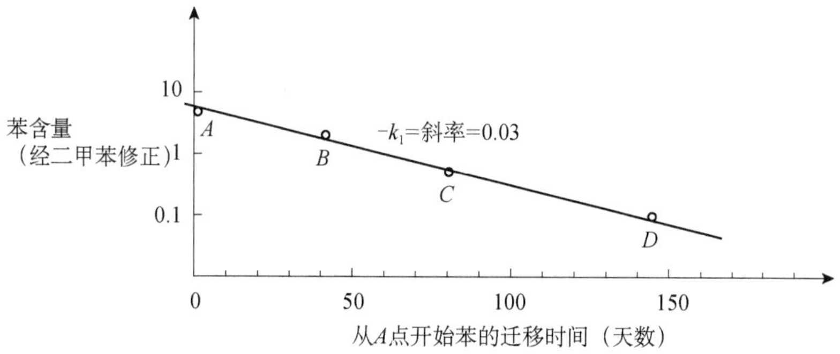

附图 19.3　地下水流向方向 *A*、*B*、*C*、*D* 中经二甲苯修正的苯含量

也就是说，在所讨论的时间点，实际降解常数大于风险评估中使用的保守数值，所得到的结果是安全可靠的。

必须开展重复监控以确保地下水条件不再发生变化。以氧化还原条件为例，必须确保地下水中污染物降解不停止或被严重削弱。一般地，三年内必须每年进行两次地下水监控。

2. 案例 2：砂质黏土覆盖的砂岩含水层中三氯乙烯（TCE）污染

上层为 1m 厚的杂填层，下层为 2m 厚的粗沉积砂层，其下层直至地表以下 8m 为黏土层。黏土层以下约 5m 为砂和卵石，再往下为新近系黏土。

附图 19.4 为场地地质剖面图。

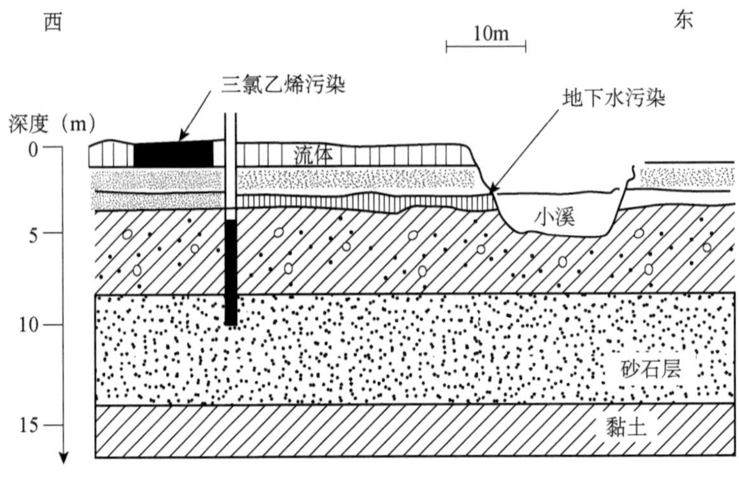

附图 19.4　案例 2 中地质条件剖面图

如附图 19.4 所示，有上、下两个含水层。上层含水层位于含砂层上方，为非承压含水层，其水位约为地表下 2.5m。

调查区域东侧约 40m 有一条小溪。

从井的水位观测结果可知，上层含水层中地下水向这条小溪方向流动，水力梯度 i=0.006。净降水量 N 预估为 200mm/a（附录 20）。在此基础上，透过污染区域的下渗量可表示为：$Q_0=A$(污染面积)×N(净降水量)=60m^2×200mm/a=12m^3/a。

地方地下水主管部门预估上层含水层水力传导系数 k=2.5×10^{-4}m/s。

上层含水层中平均孔隙水流速 V_p 可以设置为［附录 18 中公式（附 18.8）］

$$V_p=(k\cdot i)/e_{eff}=(2.5\times10^{-4}\times0.006)/0.03=157(\mathrm{m/a})$$

式中，e_{eff} 为地下水含水层有效孔隙度，在此设置为 0.30（附录 20 中附表 20.1）。

下层砂层构成了下层地下水含水层。含水层水头约为地表下 3.5m。也就是说，在下层含水层和上层含水层之间有一个约 1m 高的水柱压力差，还有一个向下的梯度。

基于抽水试验，下层含水层的水力传导系数 k=3.6×10^{-4}m/s，水力梯度 i=0.005。与上层含水层一样，下层地下水向东流动。

现在，下层含水层的平均孔隙水流速 V_p 可以确定为［附录 18 中公式（附 18.8）］

$$V_p=(k\cdot i)/e_{eff}=(3.6\times10^{-4}\times0.005)/0.03=190(\mathrm{m/a})$$

其中，基于附近已废弃的水厂井确定有效孔隙度 e_{eff}=30%。

已经明确的是，土壤杂填层存在三氯乙烯（TCE）的面积 A 约为 50m^2（约 12m×4m），且贯穿整个杂填层深度（即 1m 深度）。TCE 浓度在 4～6mg/kg（干重），几乎均匀分布。TCE 的土壤质量标准为 5mg/kg（干重）（本书 6.2 节），因此，其存在浓度实际上近似于土壤质量标准。

然而，由于试验区域已被规划为停车场，所以认为该区域对这种形式的土地利用方式不构成任何风险。

下部密实土壤层中未检测到 TCE。

在调查基础上，估算的污染物最大量为 $50m^2 \times 1m \times 1.7t/m^3 \times 6mg/kg = 0.5kg$。

污染源浓度 C_0 可以基于污染物在土壤、气和水相中的分布平衡假设进行计算（逸度原则）。根据附录 21 中说明，该计算表明当土壤中 TCE 浓度为 6mg/kg（干重）时，孔隙水中 TCE 的含量（污染源浓度 C_0）约为 8mg/L（土壤颗粒密度 2.65kg/L，土壤密度 1.7kg/L，体积比：土壤 55%、空气 30%、水 15%）。

沿着地下水流方向，唯一的受体为污染区域下游约 40m 处的小溪。

上层含水层不考虑用于取水使用。因此，风险评估将仅针对下层含水层和附近溪流的污染危害。

上层含水层纵向扩散区域宽度 d_m 可由下式确定为［附录 18 中公式（附 18.9）］

$$d_m = \sqrt{\frac{72}{900} \cdot \alpha_L \cdot V_p \cdot t}$$

在小溪处（距离污染源约 40m），其纵向宽度为

$$d_m = \sqrt{\frac{72}{900} \times 0.15 \times 190 \times \frac{190}{40}} = 0.7(m)$$

其中，从附录 20 中附图 20.2 可直接读出数据 α_L =0.15，流动时间 t=190/40。

由于上层含水层只有 0.5m 厚，这意味着在地下水到达小溪之前，污染物在整个含水层厚度上与地下水进行了混合。

类似地，在污染下游方向 30m 处的扩散区域宽度可计算为

$$d_m = \sqrt{\frac{72}{900} \times 0.10 \times 30} = 0.5(m)$$

根据这些计算，污染下游 30m 处的上层含水层地下水就与污染物达到了充分混合。这意味着浸入区域，即从上层含水层通过黏土浸入下层含水层的区域，由污染下游 30m 一直延伸到 40m，因为上层含水层被污染下游 40m 处的小溪隔断。

距污染源 40m 处（即地下水刚到达小溪）的上层含水层污染物浓度 C_s 可计算为［附录 18 中公式（附 18.10）］

$$C_s = \frac{A \cdot N \cdot C_0 + B \cdot d_m \cdot k \cdot i \cdot C_g}{A \cdot N + B \cdot d_m \cdot k \cdot i}$$

在地下水中 TCE 不会自然产生，因此其背景值 C_g 为零。

代入公式得到：

$$C_s=\frac{50\times200\times8}{50\times200+12\times0.5\times2.5\times10^{-4}\times0.006}=270(\mu g/L)$$

可以通过物料衡算简单地估算浸入速率。经估算，剩余污染包含约 0.5kg TCE。在污染源强度 $J=N\times A\times C_0=50m^2\times200mm/a\times8mg/L=80g/a$ 的情况下，大约需要 7 年时间浸出 TCE 污染。这意味着在该速度下，污染源处污染被去除的速率是现实的。

上述计算表明，从上层含水层流入小溪的地下水 TCE 含量为 270μg/L。

同样计算得到每年 TCE 的浸出量为

$$A\times N\times C_0=50\times200\times8=80(g/a)$$

当地相关部门明确的小溪内水流速平均最小值 Q_{min} =2L/s。在该小溪中，受污染地下水因混合作用而稀释，得到 TCE 浓度 C_{brook} 为

$$C_{brook}=A\times N\times C_0/Q_{min}=80/2=1.27\times10^{-3}(\mu g/L)$$

基于上述计算，当地受理部门的评估认为 TCE 浸出到小溪内不会对受体目标造成任何风险。

地下水纵向流速（达西流速）V_D 可确定为［附录 18 中公式（附 18.3）］

$$V_D=k\times i$$

对于水平方向的流动，水力梯度表示为水位差 h（此例中为两个含水层水位差）除以距离差 s（垂向距离），如下所示：

$$I=\Delta h/\Delta s=(3-2)/(8-3)=0.2$$

垂向水力传导系数可通过查阅附录 20 中附表 20.1 获得。黏土层下边界决定了水力传导系数。在该案例中，黏土层向下延伸到地面以下 8m 深度。

通过对附表 20.1 中数值进行插值得到 $k=1\times10^{-8}$m/s，这意味着垂向达西流速为

$$V_D=0.2\times10^{-8}=60(mm/a)$$

由净降水量 200mm/a 的数值来看，黏土层中垂向流速似乎偏高，但仍合理。

通过黏土层的 TCE 通量 J 为［附录 18 中公式（附 18.1）］

$$J=V_D\times A\times C_s=60\times10\times12\times270=1.9(g/a)$$

相比较于流向上层含水层的 TCE 通量，通过黏土层的 TCE 通量并非大得离谱。然而，应当注意的是，使用附表 20.1 中的垂向水力传导系数数值会产生较大的不确定性。

例如，如果我们采用上面的例子，替换垂向水力传导系数为 10^{-7}m/s（而不是 10^{-8}m/s），由此得到的垂向达西流速为 600mm/a。该值多出净降水量 3 倍，因

此是完全不现实的。

类似于附录 18 中公式（附 18.6）（风险评估第一阶段），在渗滤区域（污染下游 30～40m 处）下方的下层含水层内最上部 0.25m 范围内的污染物浓度 C_{P1} 可以确定为

$$C_{P1}=\frac{A\cdot V_D\cdot C_s}{A\cdot V_D+B\cdot 0.25\cdot k\cdot i}$$

式中，A 是渗滤面积（通过冰碛黏土层，120m²）；V_D 是垂向达西流速（60mm/a）；C_s 是上层含水层中污染物浓度（与地下水完全混合，270μg/L）；B 是土壤污染宽度（12m）；k 是下层含水层水平水力传导系数（3.6×10^{-4}m/s）；i 是下层含水层水力梯度（0.005）。

将以上数值代入公式，得到：

$$C_{P1}=11.0\ (\mu g/L)。$$

渗滤区域下方地下水中污染物浓度超过了地下水质量标准 1μg/L。

因此，需要对下层地下水开展第二阶段风险评估。

第一阶段已经计算得到了下层含水层平均孔隙水流速 V_p =190m/a。在风险评估第二阶段，需要计算在污染下游地下水流经 1 年的距离处（最大为 100m）的污染物浓度。在该案例中，理论计算点为污染下游方向 100m 处。

渗滤区域，即 TCE 污染地下水渗透过的黏土层区域，为污染下游方向 30～40m 范围。

也就是说，理论计算点距离浸出区仅有 60m。

现在，垂向扩散区域 d_m 可以确定为［附录 18 中公式（附 18.9）］

$$d_m=\sqrt{\frac{72}{900}\cdot\alpha_L\cdot V_p\cdot t}$$

其中，从附录 20 中附图 20.2 可以直接读出 α_L =0.21，降解时间 t=60/190。

根据风险评估第二阶段［附录 18 中公式（附 18.10）］，污染下游 100m 处的下层含水层中污染物浓度 C_{P2} 可以计算为

$$C_{P2}=\frac{A\cdot V_D\cdot C_s}{A\cdot V_D+B\cdot d_m\cdot k\cdot i}$$

代入数据后得到：

$$C_{P2}=\frac{120\times0.06\times270}{120\times0.06+12\times1\times3.6\times10^{-4}\times0.005}=2.8(\mu g/L)$$

风险评估第二阶段结果表明，该污染仍然对地下水水源存在一定的危害。

为了开展风险评估第三阶段（本书 5.4 节），需要掌握所需的地质和水文地质

条件，以便确定测量井和监测井的最佳位置。小溪周围复杂的流动条件使得这些要求难以满足。因此，不开展风险评估第三阶段。

3. 案例 3：无覆盖的砂岩含水层砷污染

在薄层土壤覆盖的下方即为含水砂层，深度直至地表下约 5m。砂层以下为黏土层。

附图 19.5 为场地地质剖面图。

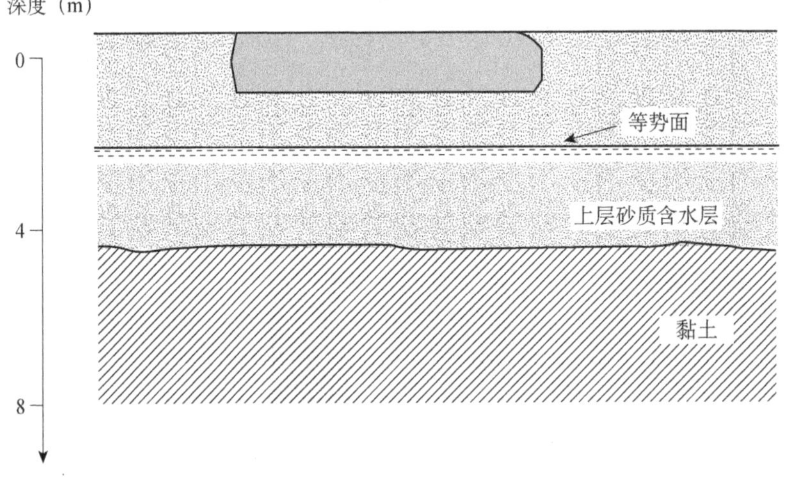

附图 19.5　案例 3 场地地质剖面图

约 80m×40m 的区域 A 受到砷的污染，污染深度至地面以下约 1.5m。污染是由 20 世纪 50 年代废弃的木材防腐剂厂的泄漏造成的。污染区域位于靠近建成区的公园区域。

该区域土壤污染浓度一般约为 50mg/kg（干重）。然而，检测到区域内有一砷浓度高达 1200mg/kg 的重污染区域。该重点区域污染由表层延伸至地表下 0.5m。

由于额外费用并不算太高，整个污染区域表层 0.5m 范围内土壤将被清除。利用未受污染土壤回填该区域必须确保表层 0.5m 范围内土壤砷符合土壤质量标准（20mg/kg，干重）和生态毒理学土壤标准（10mg/kg，干重）（本书 6.2 节和 6.3 节）。

对于场地使用，该区域受到相关行政法规的制约，以避免暴露污染物。

土壤中砷的总含量为：$3200m^2 \times 1m \times 50mg/kg \times 1.7kg/m^3 = 270kg$。

重污染区域已开展了浸出研究，表明孔隙水砷浓度 C_0 预计高达 2mg/L。

地下水监测结果表明，自然状态下区域地下水砷浓度低于 2μg/L。砷的地下水质标准为 8μg/L（本书 6.5 节）。

砂层构成了上层非承压含水层，且地下水位位于地表以下约 3m。

调查区域下游方向有多个独立的上层含水层取水点，这意味着该含水层必须作为地下水水源进行保护。

基于抽水井相关数据，该含水层水力传导系数 k 估算为 5×10^{-4}m/s，水力梯度为 0.005，有效孔隙度 e_{eff} 为 25%。

净降水量 N 设置为 180mm/a（附录 20）。

地下水孔隙水平均流速可确定为［附录 18 中公式（附 18.8）］：

$$V_{\text{p}}=(k\times i)/e_{\text{eff}}=(5\times10^{-4}\times0.005)/0.25=315(\text{m/a})$$

下游方向 1500m 范围内不存在受体。

可以通过物料衡算对浸出速率进行简单估算。经估算，剩余污染包含约 270kg 砷。当污染源强度 $J=A\times N\times C_0=3200\text{m}^2\times180\text{mm/a}\times8\text{mg/L}=1.15\text{kg/a}$ 时，砷污染的浸出需要超过 200 年时间。这是不现实的。

根据附录 18 中公式（附 18.6），污染下方含水层中最上部分污染物浓度 C_1 计算如下：

$$C_1=\frac{A\cdot N\cdot C_0+B\cdot0.25\cdot k\cdot i\cdot C_{\text{g}}}{A\cdot N+B\cdot0.25\cdot k\cdot i}$$

代入相关数据得到：

$$C_1=\frac{3200\times0.18\times2+50\times0.25\times5\times10^{-4}\times0.005\times2}{3200\times0.18+50\times0.25\times5\times10^{-4}\times0.005}=740(\mu\text{g/L})$$

其中，土壤污染宽度 B（50m）是垂直于地下水流向测量得到的。

这意味着，根据已有假设，风险评估第一阶段得到的地下水砷污染浓度远大于其地下水质量标准。

因此，需要开展第二阶段风险评估。

在风险评估第一阶段结束后，地下水含水层中已经在一些调查的土壤钻孔中安装了筛管。

调查发现地下水中砷的最大浓度位于土壤污染下方。筛管中有效筛管长度 l 为 0.75m，得到的砷浓度 C_1 为 45μg/L。

在风险评估第二阶段，计算理论计算点（与污染源相距土壤水每年迁移距离，最大为 100m）污染物浓度。在该案例中，土壤水流速 $V_{\text{p}}=315$m/a。因此，计算点与污染源间距离为最大值 100m。

根据附录 18 中公式（附 18.9），在 100m 处的混合密度 d_{m} 可确定为

$$d_m=\sqrt{\frac{72}{900}\cdot\alpha_L\cdot V_p\cdot t}=\sqrt{\frac{72}{900}\times0.40\times315\times100/315}=1.8(m)$$

其中，α_L 可通过查阅附录 20 中附图 20.2 得到，t=100m/（315m/a）。

污染下游 100m 处理论计算点污染物浓度C_2可计算为［附录 18 中公式（附18.11）］

$$C_2=C_1\cdot(0.25/d_m)=135\times(0.25/1.8)=19(\mu g/L)$$

其中：

$$C_1=C_{1,\text{ measured}}\cdot(l/0.25)=45\times(0.75/0.25)=135(\mu g/L)$$

所以，第二阶段风险评估得到的污染物浓度同样大于地下水质量标准。

砷是一种元素，不能被降解（只会发生化学形态变化）。因此，无法开展包含降解计算的第三阶段风险评估。

综上，砷污染对地下水资源构成了威胁，应采取一定的补救措施。

附录 20　用于地下水风险评估的标准数据

地下水风险评估需要用到一系列计算参数。本附录提供了可用于这些计算的标准数据的案例。

必须强调的是，如果使用的参数是一个估算值，或区域性而非局部性，或由于其他原因存在不确定性，必须使用较为保守的数值。如果需要精确风险评估，避免保守评估，必须尽量多地使用场地特征数值。

1. 地下水补给

污染场地渗透土壤水量的计算包括降水补给比例的评估。

在某些特定地区，当地政府了解组成地下水补给的降水比例。然而，大多数地区需要使用净降水量作为替代。

附图 20.1 显示了丹麦的平均净降水量及其在各地区间的分布[1]。

来自土壤和植物的挥发量（实际挥发量）被包含在净降水量的计算中，是基于计算机模型 EVACROP 计算得到的。挥发量会依据作物类型/蔬菜类型和土壤类型发生变化。在这些计算中，作物计为 50%冬季作物和 50%夏季作物的混合，将覆盖 60%～70%的农业区域。日德兰半岛的土壤类型预估为粗粒土和细粒土的混合物，而丹麦其他地区的土壤类型设定为含沙黏土。基于这些假设计算得到日德兰半岛每年的实际挥发量为 400mm，丹麦其他地区为 440mm。由于土地利用方式和作物分布的差异，这些典型数值存在局部区域偏差。由于净降水量是降水量与实际挥发量之间的差值，这将与附图 20.1 所示数值产生偏差。因此，这些数值存在一定的缺陷。

与附图 20.1 相比较，偏差为 40mm/a 是较为常见的，而偏差超过 60mm/a 则比较少见。

2. 水力传导系数及有效孔隙度

水力传导系数 k 变化很大，因此，需要在特定场地进行测量。附表 20.1 列出了不同类型土壤的水平水力传导系数及有效孔隙度典型值[2, 3]。同时，也给出了黏土耕作层中垂直渗透率的已知数值[4, 5]。

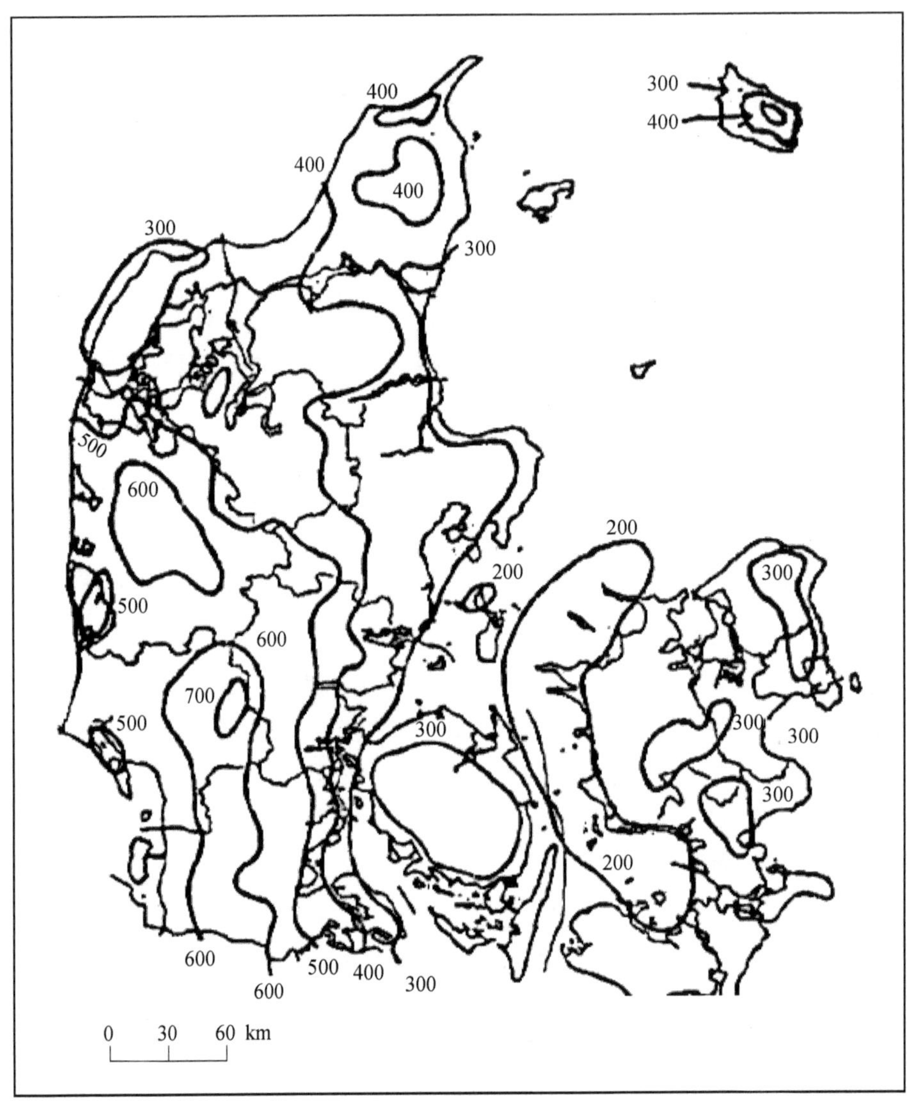

附图 20.1 丹麦净降水量（mm），1961～1990 年的平均值[1]

附表 20.1 不同类型土壤的水平水力传导系数[2, 4, 5]及有效孔隙度[3]典型值

材料	水力传导系数 k(m/s)	有效孔隙度 e_{eff}
水平		
黏土（接近地表）		
深黏土层	10^{-8}～10^{-6}	0.01～0.2
淤泥	10^{-8}～10^{-2}	0.01～0.2
砂，细颗粒	10^{-5}～5×10^{-5}	0.01～0.3
砂，中等颗粒	10^{-5}～5×10^{-5}	0.1～0.3

续表

材料	水力传导系数 k(m/s)	有效孔隙度 e_{eff}
砂，粗颗粒	$5\times10^{-5}\sim10^{-4}$	
砂砾	$2\times10^{-4}\sim10^{-3}$	0.15～0.3
沼泥炭	$10^{-3}\sim10^{-2}$	0.2～0.35
砂岩	$\sim10^{-10}$	0.1～0.35
石灰岩	$10^{-8}\sim10^{-5}$	
岩石，风烈	$10^{-7}\sim10^{-5}$	0.1～0.4
	$10^{-8}\sim10^{-4}$	0.01～0.24
垂直		
黏土地表下 1.0～1.5 m	1.3×10^{-5}	0.01～0.2
黏土地表下 2.0～2.5 m	4.2×10^{-6}	0.01～0.2
黏土地表下 4.0～4.5 m	2.5×10^{-7}	0.01～0.2

3. 水力梯度

水力梯度 i 不是标准参数。水力梯度必须根据场地调查井中的水位测量值或当地的测压管水面分布图进行确定。

4. 扩散度

在地下水风险评估中，纵向扩散度 α_L（本书 5.4 节和附录 18）用于饱和区的混合层厚度计算（分步风险评估步骤 2 和步骤 3）。

附图 20.2 显示了基于距离函数得到的用于表征纵向扩散的已知数值。符号的大小表示测试的可靠性[2, 6]。

混合层厚度 d_m 的计算表明其厚度随扩散度的增加而增加。纵向扩散度越大，其混合层厚度也越大。因此，必须选择小的 α_L 值以实现保守计算。附图 20.2 中实线显示了给定距离上的纵向扩散度。

5. 阻滞因子

对于吸附性物质，部分公式中的土壤水流速 V_p 可由该物质的扩散速度 V_s 替代。两者的关系可表述为（附录 18）

$$V_s = V_p / R$$

式中，R 是阻滞因子。

阻滞因子不是标准参数，某一数值不适用于大范围区域。

阻滞因子取决于土壤所含物质、土壤容重 ρ_b、实际土壤中的有机物含量 f_{oc} 和辛醇/水分配系数 K_{ow}。不同类型土壤有机物含量 f_{oc} 见附录 15 中附表 15.1，不同物质 $\log K_{ow}$ 见附录 17 中附表 17.1～附表 17.5。

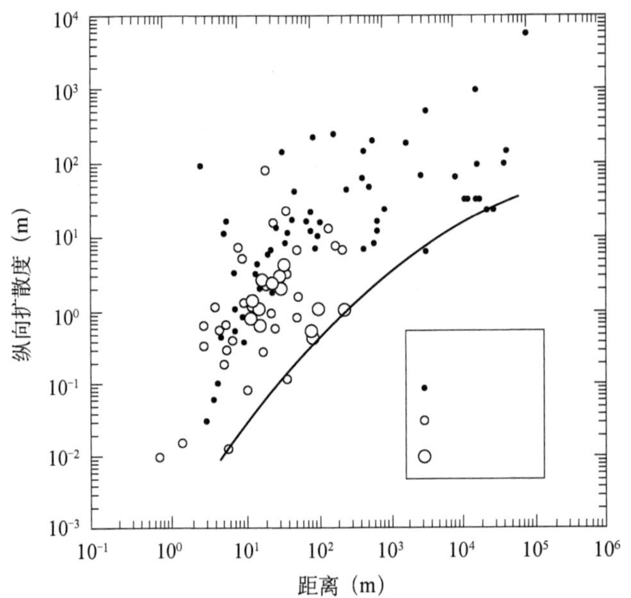

附图 20.2　纵向扩散度随距离的变化[2.6]

注：符号尺寸代表测试的可靠性

使用实线中 α_L 值用于计算饱和区的混合层厚度。

假设 $\log K_{ow}<5$，$f_{oc}>0.1\%$，分配系数 K_d 可通过阿卜杜勒公式[1]计算得到：

$$\log K_{ow}=1.04\times\log K_{ow}+\log f_{oc}-0.84 \quad （附 20.1）$$

阻滞因子可通过下式进行计算：

$$R=1+\rho_b/e_w\cdot K_d \quad （附 20.2）$$

式中，ρ_b 为土壤密度［ML^{-3}］，e_w 为饱和水的土壤孔隙度［无量纲］；K_d 为分配系数。

阻滞因子计算案例见附录 19。

6. 一阶降解常数

如附录 18 所述，基于一阶降解的物质相对浓度 C 可通过下式计算：

$$C_3=C_2\cdot\exp(-k_1\cdot t) \quad （附 20.3）$$

式中，t 是降解周期［T］；C_3 是考虑降解后含水层内最严重污染区域的污染物浓度

[ML^{-3}]；C_2 是降解前的物质浓度 [ML^{-3}]；k_1 是一阶降解相关常数 [T^{-1}]。

降解常数因物质而异，更取决于水文地质条件，如氧化还原条件。许多污染物在好氧环境下降解速度最快，其他污染物仅能在厌氧条件下降解，而某些污染物仅能在产甲烷条件下降解。

但是，能在现场确定降解常数的情况很少。

到目前为止，所确定的降解常数彼此差异很大。因此，最好在每个场地都确定其各自的降解常数；否则，必须在计算中使用保守的降解常数。

如果要对降解情况进行计算，必须确保在计算所涉及的整个周期和整个区域范围内存在发生降解的可能。例如，在好氧降解情况下，必须确保在整个周期和整个区域范围内存在氧气。通过监控来保证上述要求。

作为技术项目的一部分，丹麦环保署已经编制发布了能够代表丹麦实际情况的一阶降解常数[7]。附表 20.2 为这些降解常数的汇编。

附表 20.2　一阶降解常数[3]，由 Kjærgaard 等汇编[7]

污染物	一阶降解常数（d^{-1}）		备注
	好氧	厌氧	
苯系物 苯	0.01～0.2	0.001～0.003	反硝化条件下无法降解
甲苯	0.05～0.2	0.01～0.1	
乙苯	0.01～0.1	0.002～0.03	由于数据不足，仅推测为好氧降解
邻二甲苯	0.02～0.1	0.002～0.02	
间/对二甲苯	0.001～0.02	0.002～0.03	
氯化溶剂			
1, 2-二氯乙烷	0	0.001～0.007	
1, 2-二氯乙烯	0	0.001～0.009	
顺式-1, 2-二氯乙烯	0	0.0001～0.002	
二氯甲烷	0	0.0001～0.06	
四氯乙烯	0	0.0005～0.004	
1, 1, 1-三氯乙烷	0.005～0.006	0.0005～0.005	
三氯乙烯	0	0.0001～0.008	
三氯甲烷	0	0.006～0.1	
一氯乙烯	0.01*	0.0004～0.002	基于单次调查的保守估计
其他物质			
苯酚	0.07～0.4	0.001*	基于单次调查的保守估计

参考文献

[1] Mikkelsen, H. 1993. N ettonedbør.Udkast.（'Net Precipitation. Draft'）Statens Planteavlsforsøg.

[2] Kemiske stoffers opførsel i soil og grundwater（'Chemical Substance Behaviour in Soil and Groundwater'）Projekt om soil og grundwater（'Project on Soil and Groundwater'）, No. 20. The Environmental Protection Agency, 1996.

[3] Wiedemeier, T .H. et al. 1996. Technical protocol for evaulating natural attenuation of chlorinated solvents in groundwater.Draft – Revision 1. Air Force Centre for Environmental Excellence, Technology Transfer Division, Brooks Air Force Base, San Antonio, Texas.

[4] Jørgensen, P. R.（Danish Geotechnical Institute）and Spliid, N. H.（National Environmental Research Institute）: Migration and Biodegradation of Pesticides in fractured Clayed Till.

[5] Grundvandsstrømning og udvaskning af forurening i moræneler. Geoteknisk Institut informerer.（'Groundwater Percolation and Contamination Wash-out in Clayey till. Information from the Danish Geotechnical Institute'）GI Info 5.8, 1993.

[6] Gethar, L. W., Welty C. and Rehfeldt K. R. 1992: A critical review of data on field-scale dispersion in aquifers. Water Resources Research, 28, 1955-1974.

[7] Kjærgaard, M., Ringsted, J.P., Albrechtsen, H.J. og Bjerg, P.L. Naturlig nedbrydning af miljøfremmede stoffer i soil og grundwater（'Natural Degradation of Alien Substances in Soil and Groundwater'）the Danish Geotechnical Institute in collaboration with the Technical University of Denmark. A technology development project for the Environmental Protection Agency, 1998.

附录 21　基于土壤浓度的土壤水相中污染物浓度计算案例

以下提供了基于已知污染物在土壤中浓度，利用逸度原理计算污染物在土壤水中浓度的计算案例，即土壤-水间相变计算。

这里给出的案例涉及黏土中苯的泄漏。这些计算所用的数值与其中一个风险评估案例（附录 20 计算案例 1）相同。

1. 背景

通过附录 15 第 3 节中给出的公式进行计算，与附录 16 第 2 节中基于已知的土壤中污染物含量来确定土壤气中污染物含量的计算（土壤气相转变）相类似。

附表 21.1 列出了计算所用到的数值。

附表 21.1　计算参数

参数	数值
空气相对体积比，V_L	0.10*
水相对体积比，V_V	0.30*
土壤相对体积比，V_J	0.60*
土壤温度，T	281K = 8℃
土壤颗粒密度，d	2.7 kg/L*
土壤中苯浓度，C_T	1.0 mg/kg
土壤密度，ρ	1.8 kg/L*
土壤有机质含量，f_{oc}	0.001*
苯的分压，p	12700 N/m²**
苯的分子质量，m	78.1g/mol**
气体常数，R	8314 J/(mol・K)
苯的溶解度，S	1760000 mg/m³**
苯的辛醇/水分配系数，K_{ow}	$10^{2.1}$/kg**

* 见附录 15 附表 15.1；** 见附录 17 附表 17.1

2. 计算

土壤总体积可视为土壤各相体积的总和。

$$V_L + V_V + V_J = 1 \quad \text{（附 21.1）}$$

式中，V_L 是土壤中空气的相对体积比（这里为 0.10）；V_V 是土壤中水的相对体积比（这里为0.30）；V_J是土壤中土壤颗粒的相对体积比（0.60）。

每立方米（$1m^3$）土壤各相中苯的最大含量可通过下列公式计算：

在土壤气相中（土壤气）：

$$M_{L,max} = V_L \cdot C_{L,max} = 0.10 \times 425000 = 42500(mg/m^3) \quad （附 21.2）$$

式中，$M_{L,max}$是土壤气中苯的最大含量（mg/m^3土壤体积）；$C_{L,max}$是污染物饱和蒸汽浓度（mg/m^3土壤气体）。

通过理想气体定律，$C_{L,max}$可基于苯的分压计算得到：

$$C_{L,max} = \frac{p \cdot m \cdot 10^3}{R \cdot T} = \frac{12700 \times 78.1 \times 10^3}{8.314 \times 281} = 425000(mg/m^3) \quad （附 21.3）$$

式中，p是苯的分压（12700 N/m^2）；m是苯的分子质量（78.1g/mol）；R是气体常数［8.314 J/(mol • K)］；T是温度（281 K = 8℃）。

在土壤水相中（土壤水）：

$$M_{V,max} = V_V \cdot S = 0.30 \times 1760000 = 528000(mg/m^3) \quad （附 21.4）$$

式中，$M_{V,max}$是土壤水中苯的最大含量（mg/m^3土壤体积）；S是水中苯的溶解度（1760000mg/m^3土壤水）。

在土壤颗粒相中：

$$\begin{aligned} M_{J,max} &= V_J \cdot d \cdot K_{oc} \cdot f_{oc} \cdot S \\ &= 0.60 \times 2.7 \times 101.344 \times 0.001 \times 1760000 \\ &= 63000(mg/m^3) \end{aligned} \quad （附 21.5）$$

式中，$M_{J,max}$是吸附到土壤颗粒有机组分的苯的最大量（mg/m^3土壤体积）；d是土壤颗粒密度（2.7kg/L）；K_{oc}是有机碳与水中苯的分布（L/kg）；f_{oc}是土壤有机碳含量（0.001）。

利用辛醇/水分配系数，通过阿卜杜勒公式[1]估算苯在有机碳与水中的分布：

$$\log K_{oc} = 1.04 \log K_{ow} - 0.84 = 1.04 \times 2.1 - 0.84 = 1.344 \quad （附 21.6）$$

苯的最大土壤容量（在出现非水相液体之前）为

$$\begin{aligned} M_{L,max} + M_{V,max} + M_{J,max} &= 42500 + 52800 + 63000 \\ &= 633500(mg/m^3) \end{aligned} \quad （附 21.7）$$

基于假设（附录 15 中的逸度概念）：苯在土壤中三相的相对分布与土壤中的总浓度无关，可以据此计算出苯在土壤三相中的分布。

以下适用于土壤水相：

$$f_{\mathrm{V}}=\frac{M_{\mathrm{V,max}}}{M_{\mathrm{L,max}}+M_{\mathrm{V,max}}+M_{\mathrm{J,max}}}=\frac{M_{\mathrm{V}}}{M_{\mathrm{L}}+M_{\mathrm{V}}+M_{\mathrm{J}}}=\frac{521000}{633500}=0.833 \qquad (附 21.8)$$

式中，f_{V}是基于土壤总含量的苯在土壤水中的相对比例（以每 m^3 土壤计）；M_{L}、M_{V}、M_{J}是各相中苯的实际含量（mg/m^3 土壤）。

当土壤中苯的总浓度为C_{T}时（这里为 1.0mg 苯/kg 土壤体积），土壤水中苯的量可以计算为

$$M_{\mathrm{V}}=f_{\mathrm{V}}\cdot C_{\mathrm{T}}\cdot\rho=0.833\times1.0\times1.8=1.5(\text{mg/L土壤体积}) \qquad (附 21.9)$$

式中，C_{T}是土壤中苯的浓度（1 mg/kg）；ρ是土壤密度（1.8kg/L）。

基于土壤中苯的浓度C_{T}计算土壤水相中苯的浓度C_{V}：

$$C_{\mathrm{V}}=\frac{M_{\mathrm{V}}}{V_{\mathrm{V}}}=\frac{1.5}{0.3}=5.0(\text{mg/L孔隙水}) \qquad (附 21.10)$$

参考文献

[1] Kemiske stoffers opførsel i soil og grundwater（‘Chemical Substance Behaviour in Soil and Groundwater’）Projekt om soil og grundwater（‘Project on Soil and Groundwater’），No. 20. T he Environmental Protection Agency，1996.

附录 22 经计算得到的特定物质零值

将零值定义为：当地下水污染物浓度不超过地下水质量标准时，对应于土-水浓度分配关系，经计算得到的相应土壤浓度。

如附录 15 和附录 21 所述，必须根据逸度原则进行计算。

附表 22.1 列出了壤土、砂壤土、黏土、沙土的计算零值（土壤参数见附录 15 附表 15.1）。

计算零值远低于土壤质量标准。

附表 22.1 特定物质的计算零值

土壤参数	壤土	砂壤土	黏土	沙土
体积比（%）				
-土壤	60	55	60	55
-气体	10	10	10	30
-水	30	35	30	15
-有机物	1.0	2.0	0.1	0.2
颗粒密度（kg/L）	2.65	2.6	2.7	2.65
土壤密度（kg/L）	1.7	1.6	1.8	1.7
污染物	零值（μg/kg）			
苯	0.4	1.2	1.9	0.2
邻二甲苯	21	109	5.0	13
间二甲苯	59	96	7.7	11
对二甲苯	61	114	9.1	13
萘	253	477	33	50
二氯甲烷	1.7	2.2	1.4	0.9
三氯甲烷	2.3	3.6	1.3	0.1
四氯化碳	0.8	1.4	0.3	0.4
1, 1-二氯乙烷	1.1	1.7	0.8	0.6
1, 2-二氯乙烷	4.6	6.4	3.6	2.2
1, 1, 1-三氯乙烷	1.1	1.8	0.4	0.4
一氯乙烯	0.02	0.03	0.02	0.04
1, 1-二氯乙烯	0.5	0.7	0.3	0.3
氯乙烯	2.1	3.6	0.7	0.7
四氯乙烯	2.3	4.2	0.5	0.7

附录 23　生态毒理风险评估

污染场地生态毒理风险评估是分步进行的，初步评估以现有数据或一个相对简单的筛查为基础。如果识别出风险，可以进行更进一步或多步调查工作。然而，非敏感用地方式场地特征信息使得下一步评估工作无法进行。

1. 步骤 1

将化学分析结果与土壤质量生态毒理学标准[1, 2]进行比较。如果所有物质都满足标准或所关注场地内较高浓度物质无标准，则认为土壤污染是没有问题的。

2. 步骤 2

如果化学分析与生态毒理学土壤质量标准的比较结果表明存在对陆生环境（植物、土壤栖息动物或微生物）的危害风险，需要通过该场地最上层土壤层的生物调查来补充评估。如果受污染区域位于城市环境，则可以省略调查步骤 2。如果污染由少量物质，或由相关高浓度物质的混合物组成，仅检查对最敏感生物群（如果可辨别）的影响就足够了。

建议采用以下测试方法。

（1）微生物

- 土壤呼吸（土壤中碳分解的一般参数：OECD 草案或 ISO 14240）。
- 氨氧化微生物的抑制（氮循环特定参数；OECD 草案或 ISO 14238）。

植物

- OECD 植物标准测试（OECD 第 308 号或 ISO/CD 11269）。

（2）土壤栖息动物

- OECD 蚯蚓试验［急性毒性，OECD 207 或 ISO 11268-1（DS /ISO）］。
- 弹尾目测试（再现测试；ISO /CD 11267）。

如果使用其他国际公认的方法或方法建议，应在报告中说明其原因。

3. 步骤 3

如果步骤 2 中的一个或多个测试表明存在影响，建议绘制场地内植物和/或土壤栖息动物物种构成图，以评估对场地的影响。

4. 步骤 4

基于步骤 2 的实验室测试和/或步骤 3 的实地调查，若风险评估显示对植物、动物或微生物存在显著影响，可开展可接受风险评估。考虑到未来土地利用，如果尚未采取针对人体健康、地下水或地表受体的保护措施，可以提出针对植物、动物和微生物保护的特殊措施。

参考文献

[1] Økotoksikologiske jordkvalitetskriterier（‘Eco-toxicological soil-quality criteria’）. Working report from the Environmental Protection Agency. No. 82，1997.

[2] Økotoksikologiske jordkvalitetskriterier（‘Eco-toxicological soil-quality criteria’）. Project on soil and groundwater from the Environmental Protection Agency. Report No. 13，1995.

附录 24　报　　告

1. 图和表

图的使用是为了便于理解和提供概述。标注所有地图上的关键符号、区域范围和方向。

当比例尺为 1∶25000、1∶10000、1∶500 等时，地图更为简单易读。

在某些情况下，可以以条形图或饼状图的方式表示污染程度。然而，这种表示方法的缺点在于它无法描述三维污染程度。

通过基于结果分析绘制得到的简单地质剖面图，可实现污染的三维图像呈现。由于剖面图所占篇幅较大，因此需将它们放在附件部分。

以下为场地初步污染调查可能包含的图示清单。

1.1　概述：场地位置

2.1　场地平面图：生产期间建筑物及植物位置

2.2　场地平面图：目前的土地利用情况

2.3　概述：与供水井和地表受体相关的场地位置

4.1　场地平面图：土壤钻孔、土壤气监测点等点位位置

5.1　场地平面图：场地内靠近地表的地下水层静水压面图

5.2　场地平面图：场地内更深层地下水层静水压面图

6.1　场地平面图：土壤污染程度

6.2　横断面：土壤污染程度

6.3　场地平面图：靠近地表的地下水污染程度

上述平面图可能会占据大量篇幅，因此需将它们放在附件部分。

如果要在文本中显示多组数字，最好在表格中完成。

表格和图中的文字应精简，但应充分描述清楚，以便读者可以立即理解表格和图。

2. 附录和附件

以下为报告可包含的附录类型示例：

- 钻井作业和土壤样品收集。
- 水样收集。

- 土壤气测量。
- 光电离检测器测量。
- 分析方法和检测限。

以下为污染调查中可包含的附件类型：

- 土样钻孔和测量点平面布置图。
- 岩性柱状图，包含符号批注。
- 水准资料和水位测量结果。
- 地质剖面。
- 水样采集记录。
- 分析报告。

附录和附件的数量和大小取决于每项场地调查任务，根据需要补充上述附录和附件。

附录25　投 标 材 料

投标材料必须包含对修复工程的详细描述。以下为投标材料的提纲：

- 招标邀请函。
- 承包商摘要。
- 正常条款（NC）。
- 特别条款（SC）。
- 特殊工作说明（SWD）。
- 投标和结算（TS）。
- 投标清单（TL）。
- 图纸。
- 附件。

招标邀请函应包括招标材料清单和提交申请的截止日期。

摘要构成投标材料的一部分，并且可以作为特殊工作说明的背景。摘要仅供参考，因此不能取代投标材料中的文件。承包商摘要必须包括：

- 修复方式类型。
- 污染组成和范围（明确需清除/处理的土壤或地下水的体积）。
- 与修复工程有关的特别措施（降低地下水位、水处理、阻隔等）。
- 为开展项目而需要拆除的技术装置的类型和范围（管道、电缆、水箱等）。
- 场地恢复方式。

正常条款主要描述工作和物资的一般条款。在丹麦，一般使用 AB92。

特殊条款主要是在一般条件外可应用的调整和修正。

特殊情况应包含以下信息：

- 概述。

提供案例和开发商的一般性介绍。小节可以包括：

- 项目组织，如开发商、建筑物管理、承建商等。
- 场地位置（地址和门牌号）。
- 项目简要概述。
- 合同基本内容（项目所需材料范围）。
- 协议基础（正常条件，开发商招标邀请，建筑承包商投标）。
- 担保和保险（附担保标准格式）。

- 合同执行（工作计划和分包合同，项目审查，与主管单位关系，变化，不确定点，障碍或类似情况，建筑承包商管理，工地会议，与其他承包商的合作）。
- 开发商应负责任。
- 截止日期和延期（包括罚款）。
- 完工。

工作描述是对建筑承包商和包含与合同执行有关的所有工作和物资的说明。工作描述通常被称为“特殊工作描述”。工作描述应包含以下信息：

- 背景（有关污染问题的描述，对工作目的确定、工作环境、修复工程描述等进行考虑）。
- 工作场所组织和操作（工作区域；场地临时营房位置，材料，准入条件等；工作场所组织和运营；地理技术信息；现有管道等；责任、权利和义务；时间进度表，安全预防措施；安全描述；相关有害物质评估等）。
- 清理（常规物质、材料，可重复使用的对象，草、土壤、植物等）。
- 工作实施（为每个项目制定的系列要求规格的描述）。
- 场地恢复（工作完成时场地形貌要求的描述，关于铺路、安装、植物等）。
- 准备可能的质量保证手册。

投标清单填写的条件和准则，以及投标清单上对每个项目的说明。对于大多数修复工程，投标和协议的基础规模较小，最好是包含在投标清单中。

投标清单陈述了个体活动、任何保留声明、授权谈判人、替代投标人和次承包商。

应附上与投标材料相关的图纸。

附上有相关信息的附件（调查报告，岩性柱状图，声明期限的时间表）。

附录 26　修复技术和财务案例

附表 26.1　修复技术

方法	污染类型			土壤类型	档案资料 e）	其他条件
	有机/无机 a）	挥发性 b）	降解性 c）	渗透性 d）		
土壤污染						
异地处置清挖	+/（–）	全部	+	全部	++	f）
填埋清挖	+/+	全部	全部	全部	++	g）
清挖与原地处置	+/–	+	（+）h）	（+）h）	+	i）
土壤气相抽排	+/–	++	–	+	++	
生物通风	+/–	+	++ j）	+	+ k）	
强制浸出	+/+ l）	–	–	++	+	m）
固定化	+/+	（+）n）	全部 o）	全部	+	
蒸汽抽提	+/–	+	全部	+	（+）p）	q）
地下水污染						
抽出修复，排水	+/+ l）	全部	全部	+	++ r）	s）
生物降解（包括抽吸探头）	+/+ t）	全部	全部	+	+	
地下水污染原位修复方法						
空气注入	+/–	+ u）	– v）	+	+	x）
氧化剂添加	+/–	全部	+	+	（+）y）	
垂直阻隔墙	+/+	（+）n）	全部	全部	+	
可渗透活性反应墙	+/+	全部	+z）	+	（+）y）	æ）
自然衰减	+/–	全部	+ø）	全部	（+）y）	å）

a）+/–：有机污染，–/+=：无机污染，+/+=：两者兼具；b）++：极易挥发，+：挥发，–：不挥发；c）++：极易降解，+：降解，–：不降解；d）++：极易渗透，+：渗透，–：低渗透；e）++：档案资料翔实，+：在丹麦进行测试，–：未记录修复效果；f）污染位置十分重要；g）较高的环境影响；h）取决于清洁方法；i）对周边环境等要求高；j）易好氧降解的物质；k）正在被使用的一些设备；l）物质水溶性要求；m）可能导致设备堵塞问题；n）取决于方法，但通常被选择用于高沸点污染物；o）该方法通常用于难降解污染物；p）尚未在丹麦使用；q）要求水平地面，且在大约 0.3m 的土壤深度内没有石块，能源密集型；r）具有良好的水力污染控制，但可能难以达到低的修复标准；s）必须注意密度大于水的物质的相关问题；t）特别适用于 NAPL 油污染；u）污染抽提必须是可行的；v）污染物必须是可以生物曝气降解的；x）必须从不饱和区去除污染物，可通过土壤气相抽提的方法；y）已在美国经过检验的效果；z）不一定为好氧降解污染物；æ）与“漏斗和门”联合使用；ø）污染物必须被证明是可降解的；å）该方法需要大量监测

附表 26.2　修复技术和财务案例

方法	费用（不含增值税）
土壤污染修复方法	
清挖	一般清挖工程的清挖和运输（运输半径 150km，不包含水路运输）需要花费 90～200 克朗/t，取决于土方量、污染位置、运输距离和地理位置。清挖区域回填费用为 60～100 克朗/t，取决于总量、类型和密实度要求。其他费用包括场地恢复、环境检查、记录、污染去除和监测。场地恢复费用变动很大，取决于物理条件、污染类型和强度。经验表明，对于油/汽油污染，在挖掘土方量超过 1000t 的情况下，污染清挖费用为 400～1000 克朗/t（包括挖掘、污染去除和新土或经处理土壤的回填）。对于涉及高达 1000t 土壤的较小污染项目，费用一般在 400～2500 克朗/t（通常为 600～800 克朗/t）
土壤处理	在中央处理厂的土壤生物处置费用为 160～600 克朗/t，取决于污染类型和污染量（轻型污染类型较便宜）。在发电厂焚烧处置费用通常为 600 克朗/t，在处理厂（重有机污染，如焦油）的费用高达 1000 克朗/t，而对重污染土壤的热处理费用可高达 3500～4000 克朗/t（不包括重金属）
填埋	填埋场处理费用差别很大。然而，费用通常包含废物税，目前为 335 克朗/t（1997 年）。在一些例子（弱污染——污染等级为 3）中，某些情况下（污染较轻，达 3 级污染）受重金属污染的土壤会被存放于特殊的填埋场，费用为 130～150 克朗/t。填埋场地处置重金属污染土壤费用为 450～800 克朗/t（包括废物税），这取决于地理位置和污染程度（达 3 级污染）。重的重金属污染土壤（对应 4 级污染）可置于填埋场或送往 KOMMUNEKEMI，成本约为 1000 克朗/t
清挖土壤的原地处置	原地处置费用会根据选用方法和污染组成的不同而不同。土地耕作费用为 50～150 克朗/t，而通过移动式原地热处理费用高达 1000 克朗/t（适用更重的污染）
土壤气相抽提	该方法相对便宜。一套标准设备包括 5 个钻孔（直径 63mm，深度 4m）、管道、排气通风、降噪和电线，通常费用低于 150000 克朗。此外，还必须加入运行和监控成本（电力、检查和最终文件档案）。对于上述设备而言，每年花费约 50000 克朗。如果排出废气需要处置，则必须增加约 30000 克朗以涵盖相关成本（气流流量高达 $600m^3/h$ 的碳过滤器）。由于更换碳过滤器，操作成本也会增加。例如，对于气流 $500m^3/h$，具有 260kg 碳的碳过滤器寿命对于 $50mg/m^3$ 苯而言为大约 60 天，对于相同量的甲苯为 110 天，对于相同量的三氯乙烯为 120 天。换算为碳过滤器更换的年均费用分别为：175000 克朗、95000 克朗、90000 克朗。需要注意的是，初始阶段污染物浓度显著下降，使得排出废气处置费用相应降低。 上述设备通常可覆盖 200～$500m^2$ 的污染区，主要取决于土壤类型
生物通风	仅从设备而言，该方法成本较低。然而，监控和检查任务繁重，导致高的运行费用。该方法费用与土壤气相抽提相当
强制浸出	设备包括泵井（最大深度为 15m）、分配井、浸出场（20m），具有液位控制的泵站和管道，可设置为小于 100000 克朗。这不包括泵出水的筛分和污染去除（9.3.5 节）。在此基础上必须增加运营费用，主要涉及设备检查和监控
固定化	根据要做的具体工作估计每种情况下的费用。常规的采用沥青进行表面密封或铺路是相对廉价的解决方法，这可以与建设项目结合起来，案例费用稳定在约 700 克朗/t
蒸汽抽提	该法在丹麦没有受到关注，主要是由于其高能耗、高成本（来自美国的案例表明其费用为 1200～3400 克朗/t）。此外，该方法要求从土壤中去除大于 0.3m 的物体，且地形斜率不超过 1%
地下水污染修复方法	
抽出处理	建造费用取决于技术布局。例如，一个包含 160mm 筛孔直径、深度 20m 的 10″井单元，包括干井、泵、原水站、电力和排放设备，费用为 70000～90000 克朗。任何涉及处置单元、运行等费用都必须算入上述成本

续表

方法	费用（不含增值税）
排水	简单情况下，排水费用约 300 克朗/m
抽吸探头	抽吸探头设备通常包含 20 个最大深度为 6m 的抽吸探头，建造费用小于 15000 克朗。由于时间限制，最好使用真空设备。使用上述设备的费用约 4000 克朗/周
抽出地下水原地处置	
排放	税收显著增加了抽出地下水排入污水管网的费用。该税的高低取决于地方当局。转移税通常为 10～15 克朗/m^3（1996 年）
油水分离	根据尺寸，传统的重力油水分离设备购买价格为 10000～20000 克朗，而联合油水分离设备价格是它的 3 倍以上
联合分离	联合油水分离设备购买价格为 50000～100000 克朗。清洁水通过筛管是一种有据可循的方法。材料选择取决于实际污染情况
过滤	水流量高达 5m^3/h 时，双重碳过滤设备的建造费用达到 70000～80000 克朗。这不包含任何预过滤器或任何容器等。运行费用取决于相关污染情况（碳过滤器更换）。例如，水流量为 2m^3/h 时，对于含有 1mg/L 苯的污水，两个 450kg 碳过滤器的更换频率约为一年一次；对于含有 1mg/L 甲苯的污水，更换频率为两年一次；对于含有 1mg/L 三氯乙烯的污水，更换频率为两年一次。相当于每年费用分别约为 70000 克朗、35000 克朗、35000 克朗，不包含检查和监控
空气气提	气相抽提设备建造费用很高，为 100000～150000 克朗。该费用应包含严格的控制与监控成本。除此之外，正如经常要求对废气的后续处理一样，必须将预过滤费用包含在计算中
光化学氧化	根据设计，设备投入为 80000～150000 克朗。运行费用主要包括氧化剂（过氧化氢）、灯更换、电力和定期检查
地下水污染原位修复方法	
空气注入	一套标准设备由 10 个深度约为 10m 的修复井系统组成，包括干井、管道、具备降噪功能的集装箱操作单元和消声进气，其费用为 100 万～150 万克朗，包括废气处置。这不包含不饱和区的土壤气相抽提费用。此外，由于能耗及检查需要，操作和监控费用是相对高的；对于上述设备，通常费用约为 200000 克朗/a。井间距通常约为 10m，因此，上述设施可涵盖的污染面积约为 1000m^2
氧化剂添加	该方法廉价、环保，很有可能在丹麦广泛普及
纵向阻隔墙	通过在地下水水层中建立垂直阻隔墙来隔断地下水污染是可行的。这可以通过多种方法实现，如板桩、深土混合、泥浆墙和灌浆
可渗透活性反应墙	可渗透活性反应墙是允许地下水通过，但在通过过程中降解或去除污染物。在丹麦，该方法仍处于实验阶段，但已被用于美国现场工作，通过向反应墙中添加铁来实现含氯化合物的降解
自然衰减	该方法环境影响非常小，颇具前景。因此，特别对于油/汽油污染净化具有很好的前景
填埋气注意事项	通过拦截方法阻止气体扩散需要相对高的费用。例如，为保障场地安全，通过长 100m、深 4m 的截断排水系统来保障场地安全的初步投资约为 500000 克朗，然而每年的运行和监控费用达 15000～20000 克朗。对于新的建筑物，当在项目初始阶段将其考虑在内时，建设预防措施费用仅占总成本的很小一部分

附录 27　现有建筑物附近的挖掘

对于任何一种清挖，如污染清挖，必须注意避免削弱现有建筑物的稳定性，否则可能会在极端情况下导致施工失败。这一问题在 *Byggeloven*（《建筑法案》）第 12.2 章节中被特别指出。

经验表明，负责处理这些问题的顾问/开发商/承包商具有地理技术方面的经验时，损害将很少发生。然而，当财务因素或时间压力迫使项目在安全边界处实施，以及对实际状况简单忽视时，损害经常发生。

关于清挖可能损害现有建筑物的典型例子如下：

- 紧邻无地基的现有建筑物的随意挖掘。
- 紧邻地基建在沙层上的现有建筑物的排水工程。
- 现有地基的加固。

挖掘项目必须依据地基等级指定为 1（宽松）、2（正常）或 3（严格）。

如果在位于晚冰期或更老的沉积物（无裂缝，黏土）中的地下水位上方，或按照常规要求在建有地基的存在风险的建筑物（没有严格的地基等级）进行挖掘，通常开展地基等级为 1 的暂时性挖掘工作。在这种情况下，可以在附图 27.1 和附图 27.2 所示区域进行挖掘。

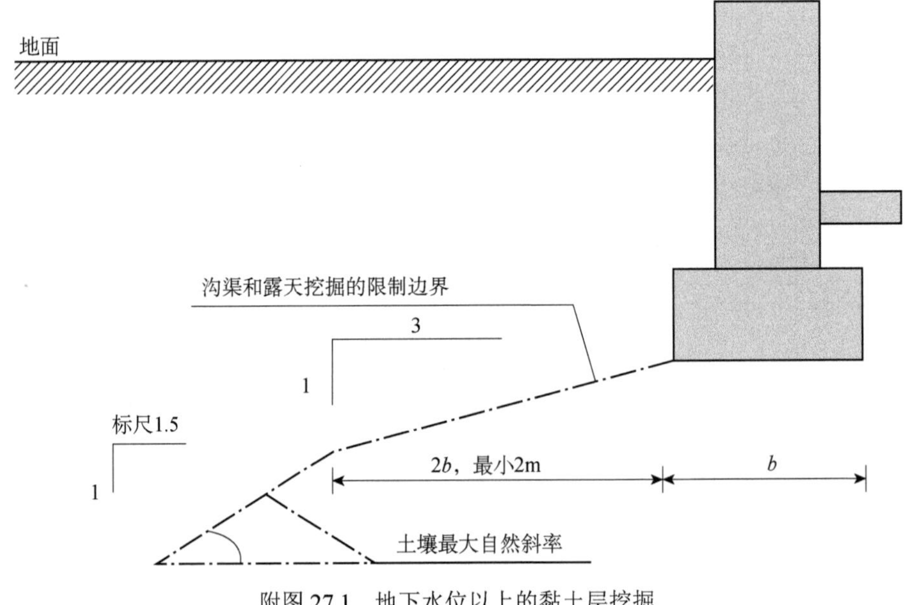

附图 27.1　地下水位以上的黏土层挖掘

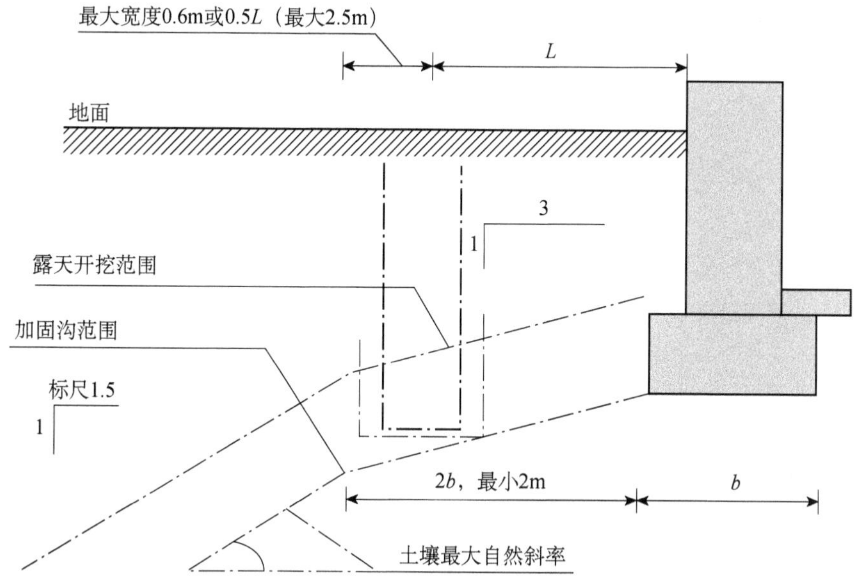

附图 27.2　地下水位以上的淤泥层、沙层、砂砾层挖掘

如果无法满足这些先决条件（通过沿着建筑物的单个测试孔进行验证），必须开展必要的土工试验以确定土壤和地下水条件。但这可能使得其与指定的清挖程度存在一定偏差，并可能为在地基等级 1（正常）开展该任务提供指导。例如，挖掘区边缘地基承载力可以按照标准地基规范 DS415 进行计算。

以黏性裂隙黏土、具有单独地基的邻近建筑物或偏心应力等形式共存的挖掘将自动设置挖掘项目为地基等级 3（严格）。

在现有建筑附近进行的挖掘必须发生在地下水位以上。这意味着在挖掘前必须将高的水位降低至一定深度，满足挖掘要求。

许多挖掘项目，如紧靠无地基房屋的项目，必须在足够超过附图 27.1 和附图 27.2 所示范围之外进行。在类似情况下，普遍采取分段挖掘。该方法的基本设想是现有地基只会在一个（或多个独立的）很有限的分段受到削弱。

但是，分段挖掘中事故频繁发生，尤其在砂质类型土壤上挖掘时。因此，应遵循以下列出的规则：

- 建筑承包商有义务根据确保邻近地基不被削弱的方案进行挖掘。
- 该方案必须指出单个挖掘段的最大长度和深度，以及可以同时挖掘的段位位置。
- 必须在地下水位以上进行挖掘工作。少数情况下，必须通过排出挖掘段地下水的方式降低水位。正常情况要求在现有地基安全距离之外泵抽或排水，以避免地基下的材料流失。

● 当基础结构足以满足紧邻无地基建筑物的地基挖掘时，方案应包含新的地基稳定（垂直和水平方向）的证据。例如，考虑土壤和水对地基背面的压力。

● 受到由于挖掘造成的局部削弱影响的地基，其削弱程度可由如附图 27.3 所示进行评估。注意，与黏土相比，砂的削弱程度明显更大，事故数据也清楚地反映了这一事实。

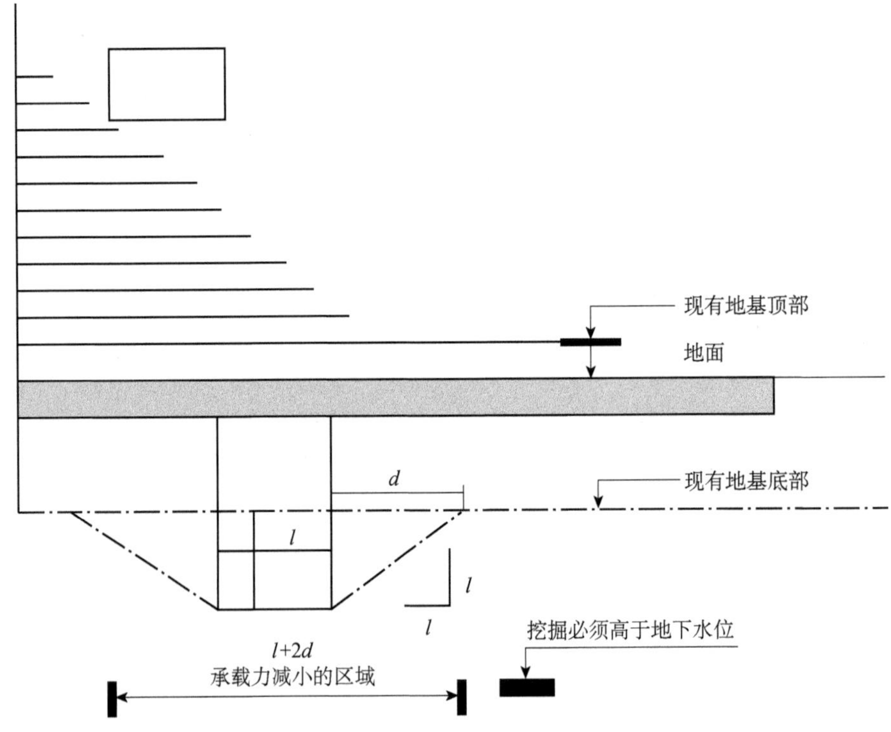

附图 27.3　考虑承载力的现有地基的挖掘

剩余的承载力$\left(\frac{a}{b}，\mathrm{kN/m}\right)$可通过以下公式确定（对于具有中心应力的线性地基）：

沿着挖掘距离 $l \leqslant 1.2\mathrm{m}$ 时

$$\frac{Q}{b}=0$$

两侧（距离为 d 处）的承载能力大约减半。

如果砂子（粗粒砂和中粒砂）没有毛细管张力，两侧的承载力（d）预计将降至 0。挖掘区两侧的加固可以明显改善这一情况。此时，必须根据要求的纵向承载力进行加固尺寸调节。